JN204992

リスク共生学

先端科学技術でつくる暮らしと新たな社会

横浜国立大学 先端科学高等研究院・リスク共生社会創造センター 編

丸善出版

序

本書を手に取っていただきありがとうございます。“リスク共生学”とは何だろうと思われたのではないでしょうか。そして“ゼロリスクを安全な状態とするならば，リスク共生とはリスクがゼロではない危険な状態を我慢して生活せよということか？”といった疑問を持たれたかもしれません。

毎日の生活を振り返ってみてください。家事，道路や鉄道を利用した通勤・通学，勤務先での OA 機器などを使った仕事など，社会インフラや工業製品を通して提供される多様な機能を利用していることがわかります。利便性の一方で，事故やシステム障害，環境問題をはじめ好ましくない影響がもたらされています。私たちの日常生活は多くのリスクに取り囲まれていることを容易にご理解いただけると思います。

津波や原発事故も加わって未曽有の大被害をもたらした東日本大震災の記憶も冷めやらぬ中で熊本地震も発生しました。地震や津波，台風などによる自然災害に加えて，橋梁，トンネル，建築構造物などの社会インフラ，石油化学や製鉄などの工業生産を支える産業インフラの老朽化がもたらすであろう災害や影響も見逃すことはできません。加えて，ヒューマンエラーや未完成技術の導入がもたらすシステム障害の発生，例えば航空機や鉄道の運航の混乱，ATM や通信への障害などは，日常生活に対して大きな影響をもたらすことになります。

本書のサブタイトルは“先端科学技術でつくる暮らしと新たな社会”です。“安全・安心で持続可能な活力ある社会”の実現が望まれていることはいうまでもないでしょう。活力ある社会の実現には，従来とは異なる機能やサービスを提供するための新たな技術やシステムの導入が選択肢になります。しかし，新たな技術・システムの開発・導入は期待される好ましい効果である便益にとどまらず，好ましくない効果や影響，すなわち“リスク”を伴うものと判断されます。その不確実性を考慮しながら，便益とリスクの分析と評価が必要です。その結果は，個人や多様な組織，そして自治体や国レベルでの合理的な意思決定，すなわち政策決定や経営判断に寄与できる知見と情報を提供することになります。

さて本学では，1967 年に安全工学科を，そして 1973 年に環境科学研究センターを設置し，安全と環境保全にかかわる研究および人材育成を開始しました。2004 年には安心・安全の科学研究教育センターを設立し，社会の安心・安全を向上するための文理融合による研究・教育の拠点を整えました。大学院環境情報研究院と連携しながら，「リスク共生型環境再生リーダー育成プログラム」や「高度リスクマネジメント技術者育成ユニット」などのプロジェクト方式による研究と人材育成にそれぞれ取り組みました。

これらの経験と実績を生かして 2014 年に先端科学高等研究院を創設し，“リスク共生学”をテーマとして，21 世紀社会におけるリスクへの合理的な対応の在り方および安全・安心で活力ある持続可能社会の実現に供する要素技術やシステムの開発・普及にかかわる研究を開始しました。先端科学高等研究院の運営が平成 30 年から第二期に移行することを区切りとして，リスク共生にかかわる研究活動とその成果を取りまとめ，広く社会に発信するために本書を上梓することとしました。

先端科学高等研究院では，安全・安心で活力ある持続可能社会を支える要素は強靭な社会インフラ，暮らしやすい生活環境，安全・安心な情報システムをそれぞれ実現することであると考え，安全・安心，スマートシティ創造，ライフイノベーションの 3 分野に合計 11 の研究ユニットを配置し，海外からも多くの研究者を招聘して研究を実施してきました。

本書ではリスクの新しいとらえ方，リスク共生の考え方，そして本学における上記した 11 研究ユニットによる研究成果を紹介しております。“リスク共生”をご理解いただき，安全・安心で持続可能な活力ある社会の実現のために少しでも参考になることを願っております。

本書の編集・出版にあたっては，丸善出版株式会社の長見裕子氏はじめ，同社の企画・編集部の方々に多大なご尽力をいただきました。忍耐強く原稿の提出をお待ちいただくとともに，内容や体裁などについて懇切丁寧なご意見をいただきました。心より御礼を申し上げます。

2018 年　初　夏

横浜国立大学先端科学高等研究院

研究院長(学長)　長谷部　勇一

執筆者一覧

● 横浜国立大学先端科学高等研究院 / リスク共生社会創造センター

秋山 太郎	グローバル経済社会のリスク研究ユニット	[4.1 節]
荒井 誠	海洋構造物の安全と環境保全研究ユニット	[6.3 節]
居城 琢	社会インフラストラクチャの安全研究ユニット	[6.6 節]
乾 久美子	次世代居住都市研究ユニット	[4.3 節]
岡田 哲男	海洋構造物の安全と環境保全研究ユニット	[6.3 節]
河野 隆二	医療 ICT 研究ユニット	[5.3 節]
川村 恭己	海洋構造物の安全と環境保全研究ユニット	[6.3 節]
坂本 惇司	コンビナート・エネルギー安全研究ユニット	[6.4 節]
佐土原 聡	リスク共生社会創造センター	[7.1 節]
寺田 真理子	次世代居住都市研究ユニット	[4.3 節]
中尾 航	超高信頼性自己治癒材料研究ユニット	[6.1 節]
野口 和彦	リスク共生社会創造センター長	[1 ～ 3 章]
長谷部 勇一	横浜国立大学長 / 先端科学高等研究院長	[6.6 節]
日野 孝則	海洋構造物の安全と環境保全研究ユニット	[6.3 節]
平川 嘉昭	海洋構造物の安全と環境保全研究ユニット	[6.3 節]
藤掛 洋子	中南米開発政策研究ユニット	[4.2 節]
藤野 陽三	社会インフラストラクチャの安全研究ユニット	[6.5 節]
松本 勉	情報・物理セキュリティ研究ユニット	[5.2 節]
光島 重徳	水素エネルギー変換化学研究ユニット	[6.2 節]
三宅 淳巳	先端科学高等研究院副高等研究院長 / コンビナート・エネルギー安全研究ユニット	[6.4 節]
吉川 信行	超省エネルギープロセッサ研究ユニット	[5.1 節]
連 勇太朗	次世代居住都市研究ユニット	[4.3 節]

● 編集マネジメント

荒　井　恒　宣　元 研究戦略企画マネージャー
中　川　正　広　研究戦略企画マネージャー
藤　江　幸　一　研究戦略企画マネージャー
（前 先端科学高等研究院副高等研究院長）

2018 年 4 月末現在（五十音順，［ ］内は執筆箇所）

目　次

はじめに

現代社会は，多様なリスクが存在する社会である。この多様なリスクにいかに対応していくかで，私たちの未来は変化していく。“リスク共生”とは，望ましい社会を構築するための多様なリスクへの対応の考え方である。

リスク共生の考え方に基づく社会を構築する際に重要な検討対象となる“リスク”という概念は冒険貸借の時代から存在し，価値の追求と被害の可能性をいかに考え適切に判断するかということが検討されてきた。そして，リスクという概念をどのように捉えるかということは，時代やその事業分野によっても変化してきた。さらに，リスクをどのように捉えるかでその分析法やその結果の活用方法も異なってくる。

現代社会の多様なリスクに対して市民社会としての判断するための仕組みを構築するためには，リスクの捉え方も含めてリスクマネジメントの新たなフレームを創造する必要がある。

これまでの社会問題への対応手法は，発生した問題を分析して，その再発を防止するというものであった。この従来の経験や結果に基づく改善は，失敗の原因が明らかになるためにその対応も決まり，さらに失敗を経験することで改善の必要性も認識されるため，改善が合理的に実施されやすいという特徴があった。だが，この手法には，社会環境の速い変化や大きな変化に対応できないし，致命的な影響を受けると改善する機会も与えられないという課題があった。そして，科学技術の深化により科学技術産業社会が到来すると，一旦トラブルが起きると大きな影響が発生するようになり，失敗や経験をもとにした従来の社会改善手法の限界が明らかになってきた。この問題を解決するために，可能性の段階で対応を考えるリスクアプローチの必要性が認識されてきたが，この試みも問題解決手法としてリスク概念を取り込んだために，リスクを精度良く分析することには注力されたが，何をリスクとして扱えば社会の課題をより良く整理できるかという視点での検討は行われなかった。そのため，リスク本来の機能である未来の可能性を検討する指標というよりも経験的に知っている危険性の整理の指標として用いられることが多かった。

日本では，発生した問題をリスクと捉え，解決の視点でリスク分析を行うため，リスクとは好ましくない影響を小さくするための問題概念であるとの認識が広まった。このため，リスク分析の視点が専門家の視点にとどまるという傾向もあった。また，安全問題を中心に展開されてきたリスクは，好ましくない影響を対象として，その顕在化を少なくするための対応を考える指標として認識されるようになった。

一方，社会における組織目的では，好ましい影響を主体として計画が立てられる場合が多く，好ましくない影響を小さくするという視点だけでは，最適な経営判断ができなくなってきた。そのため，リスクマネジメントを，より広く実効性のある技術として展開するためには，現実の判断を支援できるフレームが必要となった。

また，リスクを活用する分野が広がるにつれて，リスクを不確かな可能性として位置づけ，マネジメントの判断を支援する指標として活用されるようになってきた。

活力ある社会を実現するためには，人間活動，すなわち日常生活や多様な産業活動，経済活動に対して新たな機能やサービスを提供するための技術やシステムの導入が求められる。新たな機能の提供を担う技術・システムの導入にあたっては，その期待される効果である好ましい影響に加えて，好ましくない影響についても考慮し，分析・評価しておく必要がある。

最新のリスクの捉え方では，多様なリスクはそれぞれ連関しており，好ましい影響と好ましくない影響の双方をもつとして，それらの大きさについて不確実性を考慮しながら定量的なリスクの評価が必要であるとされている。リスク共生社会を検討する際のリスクの概念は，この最新のリスクマネジメントの考え方に沿っている。

技術やシステムの導入によって新たな可能性を追求するにあたり，どのリスクをどう選択するか，すなわちどのような好ましくない影響であれば受け入れると判断するのか，それを判断するための合理的な意思決定に寄与できる多様な知見や情報を提供することができれば，安全・安心で持続可能な活力ある社会の実現に向けた合理的で迅速な意思決定・政策決定などに大きく貢献することが可能になる。

現在の社会は高密度活動が支える都市型社会であり，人間活動に対して甚大な影響を及ぼす要因として，地球温暖化やエネルギー枯渇などの地球規模のものから地域・都市，人の健康，環境生態系への影響などまで大小さまざまである。なかでも地震，津波，台風，集中豪雨，地滑り，高潮，火山などの自然の猛威や気候変動などがもたらす深刻な災害に加えて，橋梁や鉄道，各種構造物などの日常生活を支えるライフライン，輸送体系や居住空間などの老朽化がもたらす災害，さらに各種工場やコンビナートなどの製造施設の老朽化による産業災害，高度化・複雑化したシステムにおける各種障害，未成熟技術システムやヒューマンエラーなどがもたらす不具合などを要因としてあげることができる。必要な機能を過不足なく提供することによって日常生活を支える多様な社会のシステムおよびインフラストラクチャー（インフラ）について，その強靭化は人々の生命・財産，社会資産を守り，産業活動や都市機能を維持するうえで大きな期待が寄せられている。しかし，一方のゼロリスクにいたる強靭化はもとより不可能であり，一方の強靭化は他方での脆弱性や新たなリスクをもたらす可能性を否定することはできない。安全・安心で持続可能な活力ある社会の構築には，前述したように，新たな技術や社会システムの導入や改変・改善あるいは強靭化のための取り組みにあたって，好ましい影響と好ましくない影響の両面について分析・評価しておくことによって，効率的・合理的な意思決定が可能になるものと判断される。

リスク共生社会の実現には，まず対応を検討するために必要なリスクを特定して分析の対象を整理する必要がある。このリスク特定には，社会の多様な価値の視点から検討を行う必要がある。そして，分析したリスクを社会の対応の検討材料とするためには，それぞれのリスク分析の高度化をはかる必要がある。

本書では，その事例として，未来社会における新たな可能性の追求，すなわち安心・安全で持続可能な活力ある社会を実現するためのプロセスを念頭に置き，横浜国立大学先端科学高等研究院（IAS）で実施してきたリスク研究例を紹介する。そのリスク評価に基づいて多様なステークホルダーの選好性および受容性を考慮しながら decision making すなわち個人や社会の意思決定，そして政策の決定が行われる（図参照）。

IAS では，安全・安心で活力ある持続可能社会を支える要素は強靭な社会インフラ，暮らしやすい生活環境，安全・安心な情報システムをそれぞれ実現することであると考え，安全・安心，スマートシティ創造，ライフイノベーションの 3

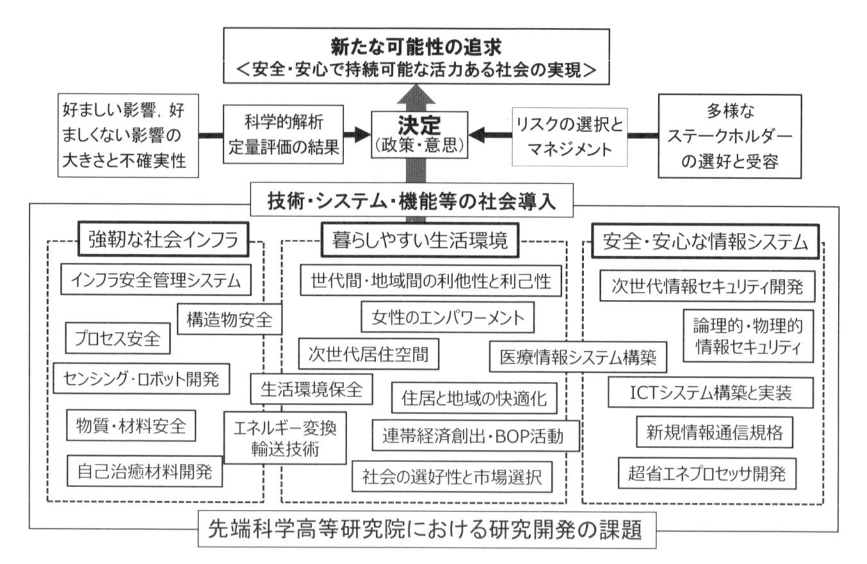

安全・安心で持続可能な活力ある社会の創成に向けた意思決定プロセスと
新技術・システムの開発およびリスク評価による貢献

分野に合計 11 研究ユニットを配置した。各ユニットでは国際レベルでの学術創生研究に加えて，国内外の大学・研究機関との連携を実施しながら新技術・システム開発と社会実装にかかわる活動を推進している。11 研究ユニットの名称，主任研究者と所属部局および主な研究課題についてまとめて表に示す。例えば，強靭な社会インフラの実現に向けた研究開発として，材料の安全向上を目指した自己治癒材料の開発，構造物の非破壊検査による老朽化がもたらす脆弱性の迅速診断，構造物長寿命化のための回生技術の開発，老朽化するコンビナートなどの生産プロセスの安全性向上，そして統合的インフラ安全管理システムの構築などに関する研究開発と並行したリスク評価の手法開発を実施してきた。安全・安心な情報システムに関する研究開発では，情報社会で増大するエネルギー消費を抑制する超省エネプロセッサの開発から新規情報通信規格への貢献，そして次世代情報セキュリティの開発までを担当している。暮らしやすい生活環境の実現では，個人と社会の選考性や世代間の関係把握，快適な生活空間や環境の保全・創成に加えて，中南米をフィールドとした地域の生活向上などの研究を実施してきた。11 研究ユニットにおける研究開発の成果と社会への実装による貢献などについては，5 ～ 7 章で紹介する。

IASの研究ユニットの主任研究者および所属部局と研究課題

分　野	研究ユニット	主任研究者（研究院）	研究課題・概要
安心・安全イノベーション	社会インフラストラクチャの安全	藤野陽三（専任）	効率的なインフラマネジメント技術を構築
	海洋構造物の安全と環境保全	荒井　誠（工学）	海洋の浮体構造物や次世代船舶の研究
	コンビナート・エネルギー安全	三宅淳巳（専任）	石油化学コンビナートなどの安全性の高度化
スマートシティ創造とイノベーション	水素エネルギー変換化学	光島重徳（工学）	水素エネルギーの技術開発
	超省エネルギープロセッサ	吉川信行（工学）	低消費エネルギー超伝導集積回路の実現
	超高信頼性自己治癒材料	中尾　航（工学）	超高信頼性の次世代型自己治癒材料の開発
	次世代居住都市	乾久美子（都市）	リスクに対応できる未来型都市に関する提言
ライフイノベーション	医療 ICT	河野隆二（工学）	医療における先端情報通信の技術開発
	情報・物理セキュリティ	松本　勉（環境）	最先端 IT によるサイバーセキュリティ技術開発
	グローバル経済社会のリスク	秋山太郎（国社）	グローバル化した金融市場，失業などの研究
	中南米開発政策	藤掛洋子（都市）	リスク共生型の都市や農村の開発政策研究

リスク共生社会の実現には，この個別のリスク研究の成果をもとに，対応を考えていくマネジメントの高度化も重要となる。リスクに基づくマネジメントは，リスクを正しく分析できれば可能になるわけではなく，そのリスク情報に基づくマネジメント自体の高度化も必要になるのである。しかし，先進科学システムの社会導入を考えてみると，その技術やリスクの分析手法自体は研究対象となることは多いが，そのシステムを運用するマネジメント自体が研究開発の対象となることは少ない。このマネジメント技術が社会に定着しないと，リスク共生社会の実現は難しい。

さらに，社会のマネジメントは，行政や事業者だけのマネジメントの高度化だけではなく，市民の意識改革も必要になることも留意しておく必要がある。これまでのように問題が起きれば興味をもつが，問題が発生しなければ関心をもたないという状況を続けていくと，最後にもっとも大きな課題を残してしまうことになる。

このように，リスク共生社会実現のためには，基礎研究から技術開発，マネジメント技術の高度化，市民の意識改革など検討すべき事項は多様であり，社会実装にも多くの課題が存在する。

社会にはさまざまなリスクが存在する。この多様なリスクの存在が，問題の解決を難しくしている。ある地域では，津波の危険性を考えると沿岸部には住めないことになり，土砂災害を考えると山間部に住めないということになり，地域計画が立てられないという状況が生じている。すべての問題を満足できる状況にしようとすると解が存在しないという状況が明らかになったり，解自体は存在してもそのための費用が膨大になり実現が難しいということがわかってきたりすることがある。リスク共生という考え方は，このような状況に対する1つの解決手法である。

本書では，リスク共生の考え方をわかりやすく説明するために，1章では社会のさまざまなリスクを紹介する。2章では，リスク共生という考え方の基礎概念である“リスク”の考え方の変遷やその検討手法について，3章では，本書が提唱する“リスク共生”という考え方をその必要性と課題を含めて述べる。

4章以降は，リスク共生社会の実現のために重要なリスク研究や教育に関して本学で実施している活動を紹介する。横浜国立大学では，基礎研究，技術開発研究をIASや各部局で担当し，その社会実装をリスク共生社会創造センターで受け持っている。さらに，本学の大学院環境情報研究院や都市科学部を中心としてこの新たな考え方の教育を行っている。

本書を通じて，リスク共生の考え方に関心をもって頂ければ幸いである。

2018年　立　夏

リスク共生社会創造センター長
野　口　和　彦

1

リスクが増大する社会と暮らし

——社会は，長い歴史の中でさまざまな豊かさを求めてきた。そして，この豊かさを求める社会の活動は，同時に課題をも生み出してきた。

私たちはこの課題を克服すべきリスクとして，さまざまな対応を行ってきた。

このリスクへの対応は，その課題として認識したリスクの影響を抑えるために行われ，多くの成果をもたらしてきた。しかし，この方法が有効だったのは，リスクが単純で比較的小さな影響にとどまっている時代までであった。

科学技術が進化を加速し，その豊かさが多様で価値が豊かになればなるほど，社会のリスクは複雑化していった。豊かな社会におけるリスクは，それぞれが必ずしも独立ではなく，その原因や結果において関係をもっている場合が多い。そのため，1つひとつのリスクへの対応を実施していけば，目標とする社会が実現できるとは限らなくなってきたのである。

目指す社会を実現するためには，個別のリスク低減の考え方から社会の目的を達成するための多様なリスクの最適化への変更を行うことが必要になってきたのである。

本章では，まず社会に潜在するさまざまなリスクの整理を行う。

1.1　社会の安全に関するリスク

社会にはさまざまなリスクがあるが，やはり安全に関するリスクへの関心は高いだろう。そのことはリスクに関する研究やその活用分野も，広義の安全問題に対するものが多いことからわかる。

科学技術の進化による社会の高度化により安全を検討すべき対象となる領域も飛躍的に増加し，その対応も高いレベルが要求されてきたため，多くの専門家の総合力を結集することが求められるようになった。検討すべきリスクもまた多様になったのである。

日本ではさまざまな社会環境の変化が生まれている。この社会環境の変化が安全に与える影響は多い。例えば，科学技術の進化により，科学システムの事故は社会に大きな影響をもたらすことが懸念されるようになり，地球温暖化による自然現象の極端化も社会の脅威となっている。また，高齢社会の到来もある。高齢社会では，災害弱者への対応が重要となってくる。交通事故も，加害者・被害者ともに高齢者の占める割合が多くなってきている。標準の世帯も核家族世帯から単独世帯へと変化しており，このような社会の変化とともに安全に関する対応も変化する。

1.1.1　社会の安全に関する仕組み

a．規制による安全対応

日本は安全規制を満足することにより安全確保を行うという考え方があるが，行政の対応も表1･1に示すように事後対応にまわりがちであることに留意する必要がある。法規を満足していれば，危機時に有効な対策を打てるとは限らない。

b．リスクマネジメントと危機管理

社会に関する安全は，リスクと発生した事故・災害への対応の組み合わせによって担保されている。

リスクという概念を用いて，安全を脅かす可能性が実際に被害を発生させる前に対応を行うことによって安全を確保する活動を，リスクマネジメント（risk

表1･1　行政の動向

おもな事態		おもな国の動き	
1959	伊勢湾台風	1961	災害対策基本法
	……		……
1995	阪神・淡路大震災	1995	災害対策基本法改正
1996	O 157 集団感染	1998	感染症法
1998	テポドン1号発射		
1999	JCO 臨界事故	1999	原子力災害対策特別措置法
2001	BSE 騒動	2003	食品安全委員会設置
		2003	有事法制
2005	JR 西日本脱線事故	2006	鉄道事業法改正

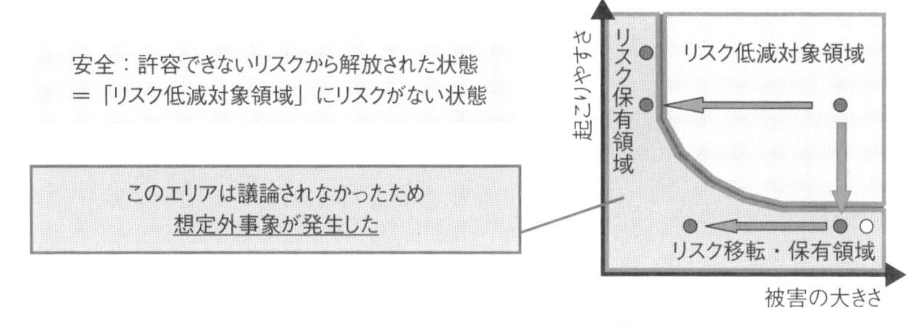

図 1･1 リスクによる安全の定義

management）という。一方，顕在化した事故や災害に対してその影響を小さくする活動が事故・災害対応と位置づけられるが，大きな事故・災害に対するその活動は危機管理とよばれる。危機管理とリスクマネジメントは混同されて理解されていた時代もあったが，危機管理は英語では crisis management とよばれ，リスクマネジメントとは別の概念である。

安全の定義もさまざまなものがあるが，リスクの概念を用いて定義したものに「安全＝許容できないリスクから解放された状況」（ISO/IEC Guide 51：2014）がある（図 1･1）。この定義でみると，安全であることは，リスク基準より大きなリスクがないことを証明すればよいことになる。そして，リスク基準より小さなリスクは，保有していることを認識することによって，そのリスクが顕在化したときに迅速な事故対応や危機管理を発動できるようになる。しかし，リスク基準より小さなリスクは議論する必要がないと捉えられがちであり，そのことがいわゆる想定外事象を生み出しがちである。このため，大きな災害や事故が発生するたびに，この“想定外”という言いわけが使われる。しかし，その意味は一様ではなく，“想定できなかった”という場合と“想定しなかった”という場合とでは，その“想定外”の意味が異なる。

“想定できなかった”ということは，知識がなかったためにできなかった場合と，分析技術が未熟であったためにできなかった場合がある。前者は，知識を着実に増やしていくしかない。後者は，リスクの分析技術を高度化することで解決できるが，科学技術の難しさは，1 つひとつの技術は自明でもその組み合わせが複雑になると，未知の領域が生み出されることにある。この未知の領域は，“想定外”の事象となる場合が多く，科学技術が進歩するほどこの未知の領域は多様化する。リスク解明の努力を継続することは，科学技術システムを担当するものの最低限度の義務であろう。

一方，その事象の存在は認識していたが“想定しなかった”という場合では，“設計要件にはしなかった”という意味で使用されることが多い。その原因の多くは，その事象の発生が設計要件にするほどのリスクではないと考えるからであるが，その場合でも，対処の仕方は2通りある。1つは，設計要件にはしないが，保有しているリスクを危機管理の対象とする場合であり，もう1つは，危機管理の対象にもしない場合である。

安全を考えるうえでとくに避けなくてはいけないのは，この後者のケースである。地域防災や科学技術システムの安全対応においてその安全レベルが十分であるということを担当機関が明言することが重視され，その結果として十分に低減ができていないリスクが見過ごされるという状況は，避けなくてはならない。

安全レベルの向上においては，リスク分析において，多様な専門知識とその知識を総合的に活用する技術とシステムが必要となってきており，個々の専門的視点に加え多様な視点で安全への課題を認識することができる専門家を育てる必要がある。

また，リスク概念を用いた安全対応の特徴に，リスクやその顕在化シナリオの把握のほかにも，安全対策の効果をリスク減少として評価することによって客観的に評価できるということがある。事故の未然防止や事故発生時の拡大防止には，この事故対策の効果をきちんと検証することが重要である。

1.1.2 自然災害・環境の悪化による影響

日本の自然災害で，甚大で広範囲な影響をもたらすものの1つに地震災害がある。地震は，人命，建物や社会インフラへの被害を与えるだけでなく，危険物施設の事故を引き起こす可能性もある。この地震災害に関しては，「レベル2」災害といわれる甚大な災害への対応が重要視されている。巨大地震の発生確率は，図1･2のように推定されている。このなかには，南海トラフを震源とする広域で甚大な被害をもたらす地震や，首都直下地震などの行政や経済に甚大な影響をもたらす可能性のある災害もある。

地球環境の温暖化も気象などに大きな変化をもたらし，表1･2に示すようなさまざまな影響をもたらす可能性がある。また，集中豪雨も図1･3に示すように頻発するようになり被害が大きくなっている。

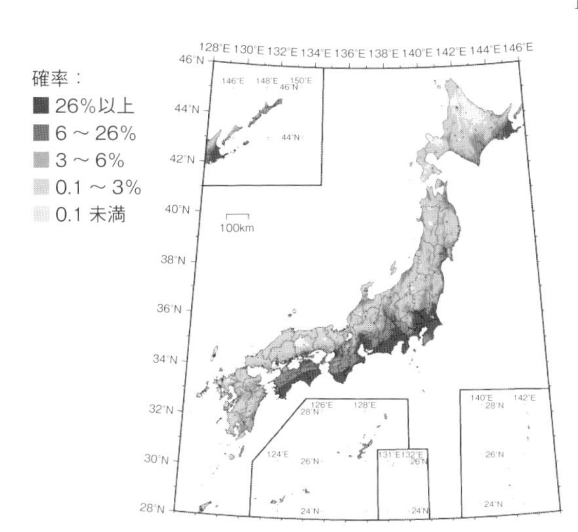

図 1･2　巨大地震の発生確率
今後 30 年以内に震度 6 弱以上の揺れに見舞われる確率の分布（2014.1.1 時点）
［地震調査研究推進本部ホームページ：全国地震動予測地図 2014 年版］

表 1･2　環境の変化がもたらすさまざまな影響例

気象・災害	気温上昇，降雨量変化，異常気象，台風強化大，洪水・高潮，界面上昇など
水	渇水・干ばつ，融雪など
食　料	収量減少，品質低下，栽培敵地変化など
生活・健康	猛暑日・熱帯夜，熱中症，感染症の増加など
土　地	低地消失など
生態系	森林減少，サンゴ白化，多様性低下など

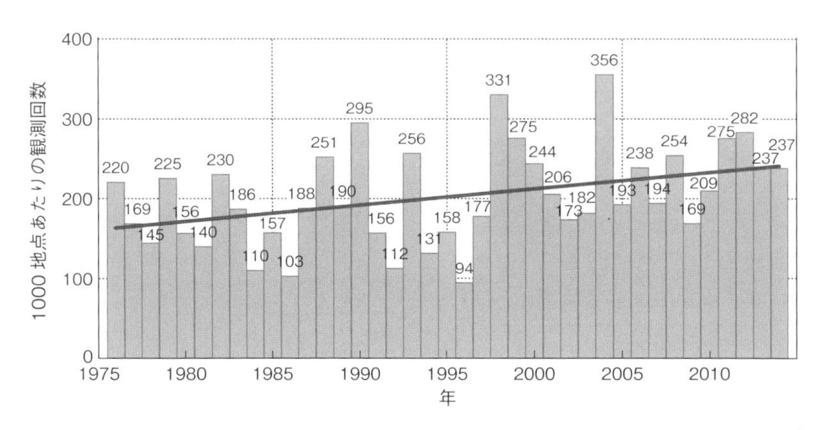

図 1･3　日本における集中豪雨の動向［アメダス：1 時間降水量 50 mm 以上の年間観測回数（10 年あたり 21.3 回増加）］
［気象庁ホームページ：大雨や猛暑日など（極端現象）のこれまでの変化（2018）］

自然災害に関する社会安全目標

自然災害に対する安全に関しては，国は東海地震，東南海・南海地震，首都直下地震を対象に減災目標・具体目標を制定して対応を行っており，関係自治体でもより具体的な検討が進められている。減災目標は死者数，経済被害額からなり，具体目標は各種要素ごとに定められているが，総合目標の設定にはいたっていない。自治体では，東京都がわかりやすく現実的な目標設定をしていたり，静岡県がたいへんきめ細かい目標設定をしていたりする例がみられるが，企業活動に関しては安全目標の検討はあまり行われていない状況である。

減災目標の策定には，単に地震による死者を減らすという定性的な目標設定ではなく，地震による死者発生の多様なシナリオを分析し，どのシナリオにどのような対策を行えば，どの程度死者を減らすことができるかという具体的なリスク対策の効果を検証することが必要である。

災害発生時の医療においても，トリアージという医療行為の優先順位をその効果・緊急性などにより定めるという考え方を採用している。しかし，大規模風水害，大規模感染症などでは，まだ客観的な目標設定が定められておらず，高齢者，科学技術弱者，ハンディキャップをもっている人への対応検討も十分ではないという状況である。

防災における社会設計や対応計画も，災害の被害を最小化するという視点だけでは定めることができなくなってきている。現実社会において，防災に対する対応を強化するためには，防災の観点だけでなく，経済活動や生活の利便性という観点も含めないとその実現が難しくなる。経済活動が低下する，日常生活が不便になるというのも社会の重要なリスクである。

1.1.3　科学技術を起因とする事故

科学技術は，社会に豊かさをもたらすと同時に，さまざまな影響をもたらす可能性をもっている。科学技術の力は，どのように活用するかによって，社会に大きな恩恵をもたらしたり，大きな被害を与えたりする。大きな力は，その使い方によって，その影響も大きくなるのは当然のことである。科学技術は，社会の多様な可能性をもたらし，その高度化に伴い社会はリスク社会へと変化してきた。

科学技術がもたらす事故において考えるべき安全の対象は，従来から安全の重要項目となっている生命，心身の健康（短期，長期の健康被害・傷害・障害の視点も重要），財産，環境への影響に加え，情報，経済，物理的被害，社会的混乱，

表 1･3　工学システムのカテゴリー

カテゴリー	カテゴリーに含まれる工学システムの小分類と説明
①　プラント系	原子力プラント，化学プラントなど
②　インフラ系	（ア）土木・建築 （イ）電力・ガス・水道ネットワーク （ウ）鉄道・船舶・航空
③　自動車	
④　ロボット	産業用ロボット，生活支援ロボットなど
⑤　情報システム	
⑥　製品安全	工学システムが生み出す製品の安全として目標対象とする
⑦　労働災害	全工学システムに共通の労働者の安全として目標対象とする

［日本学術会議：工学システムに対する社会の安全目標の基本と各分野への適用，p.11（2017）］

日常生活の不便などの多様な事項などが存在する。これらの影響は種類も大きさもさまざまであり，その原因も，機械的要因，化学的要因，システム的要因のほかに自然現象，人的要因などのさまざまな要因が存在する。

科学技術システムは，日本学術会議報告の「工学システムに対する社会の安全目標の基本と各分野への適用」（以下，学術会議報告と記す）では，表 1･3 に示すようなカテゴリーに分類されている。

学術会議報告では，工学システムの特徴を以下のように整理している。

---

①　プラント系工学システム

ア　システムの特徴：

一度の事故で一般市民の生命健康，社会経済や環境に大きな影響をもたらす可能性のあるシステムのカテゴリーである。

イ　安全目標の対象とする重大事故：

プラント系の工学システムが安全目標とする重大事故は，以下のとおりとする。

1)　オフサイト 1 名またはオンサイト複数名以上の死亡者が発生する事故

2)　多数者に健康の被害を与える事故

3)　広範囲に環境被害を与える事故

4)　製品・サービスの供給停止も含めて，経済・社会活動に関して大きな影響をもたらす事故

②　インフラ系

ア　工学システムの特徴：

日常生活の基盤となっているシステムであり，その運営は組織的に行われている。

イ　安全目標の対象とする重大事故：

安全目標が対象とする重大事故は，それぞれのシステムにおいて社会に重要な影響を与えるものとして別途定めるが，ユーザー・供給者・運用者などの死亡事故にとどまらず，サービスの停止により社会生活に大きな影響を及ぼす事象も対象とするべきである。また，サービス停止後の復旧・再開までの時間も安全目標として設定することが望ましい。

③　自動車

ア　工学システムの特徴：

事故の原因が，製造事業者（クルマ），道路管理者（ミチ），利用者（ヒト）などの複数の関係者が関与する工学システムである。また，近年，自動運転などの採用のようにシステムが大きく変化しようとしている分野である。

イ　安全目標の対象とする重大事故：

自動車事故における「重大事故」については，国土交通省令（平成27年改訂）に明記されている。自動車事故は，年間約4000人もの死者（24時間以内）が生じている工学システムであり，予防安全技術が実用化され，多くの人命を救えることが認知されるようになると，交通事故は大幅に削減されなければならないという「社会的受容性」そのものが厳しいレベルになってきている。またほかの工学システムとは異なり，高齢者に起因する重大事故の増加が無視できなくなっている。

④　ロボット

ア　工学システムの特徴：

今後，多様な産業や生活の場面に投入される工学システムであり，利用が今後広がる可能性が大きく安全を考える状況設定が難しい分野でもある。

従来の産業用ロボットのように製造機械の一部として位置づけられるものが依然大半を占めるが，今後は多様な産業や生活に投入されることが期待され，歩道走行車両，義肢装具，玩具，軽航空機などほかの機械システムと境界を共有し，著しい進展を遂げている情報通信技術を取り込みながら発展していくことが予想される。その多くが，人間に対して直接サービスを提供することを目的とすることから，機械安全の中で最も人間と直接接触することによるリスクが多様に見積もられるべき工学システムである。

⑤　情報システム

ア　工学システムの特徴：

インフラ系を含む多くの工学システム，さらには金融や電子政府などのインフラにも組み込まれており，これらの制御を司っている。また，ネットワーク化と自動化が進んでいるため，遠隔攻撃の難易度がほかの工学システムに比べ低く，被害が広範囲に波及しやすい傾向がある。そのため，事故や攻撃により社会活動に甚大な影響をもたらす可能性がある。

イ　安全目標の対象とする重大事故：

情報システムの事故や情報システムに対する攻撃が原因となり，ほかの工学システムに安全目標の対象とする重大事故が発生した場合にも，情報システムの安全目標としての重大事故とみなすべきである。

また，情報システムのサービスが停止した場合，被害時間と被害を受けた利用者数がある程度多いと「重大」となる。電気通信事業法施行規則（昭和60年4月1日郵政省令第25号）では，緊急通報を取り扱う音声伝送で，1時間以上の停止または品質低下を3万人以上の利用者が被ると「重大」と定義する。時間と利用者数の閾値は通信の重要度に応じて異なり，音声伝送を除く無償インターネット接続サービスの場合，24時間以上かつ10万以上，あるいは12時間以上かつ100万以上のとき「重大」となる。

⑥　製品安全

ア　安全目標対象の特徴：

1回の事故による被害は個人または少数に限定されるが，その影響は多数に関与する可能性があるものであり，安全レベルの設定が産業や社会生活に大きな影響を与える。この分野の安全は，製造事業者と製品利用者との相互理解とコミュニケーションを前提に成り立っており，提供される情報への信頼が重要である。

イ　安全目標の対象とする重大事故：

（ア）　一般消費者の生命または身体に対する危害が発生した事故のうち，危害が重大であるもの。

1）死亡事故

2）重傷病事故（治療に要する期間が30日以上の負傷・疾病）

3）後遺障害事故

（イ）　消費生活用製品が滅失し，またはき損した事故であって，一般消費者の生命または身体，環境，財産，情報に対する重大な危害が生ずるおそれのあるもの。

⑦　労　災

ア　安全目標対象の特徴：

事故の原因が被害者の行動に起因する場合がある安全領域であり，実施すべきことがわかっているが，その実行が難しい領域でもある。

科学技術安全の特徴は，規制などによりそのあり方に関して統制が効いていることにあるが，工学システムも巨大で高度化してくるとその事故の発生については，発生確率も発生シナリオも把握できるとは限らないということである。工学システムは進歩するほど，1回の事故により社会に与える影響はますます巨大になってくる。事故が起きてからその再発防止策を重ねていく安全手法では，一度はその事故の被害を経験する必要があり，先端技術システムの安全手法としては限界が明らかになっている。これまでの工学システムの安全へのアプローチは，設計や供給側の視点によるものや安全について事故を発生させるまたは防ぐ担当の視点で語られることが多かった。そのため，各業界や学界でも機械安全，化学安全というように，既存の学問体系ごとにそれぞれの安全のあり方を追求してきており，その研究対象もその領域に特徴のある現象を主体として進めることが多かった。

日本の安全活動は，これまでさまざまな対応を実施してきたが，先に記したように，再発防止にとどまりやすいという傾向がある。この傾向は，安全における教育にも見受けられ，安全の考え方や理論の勉強は敬遠され，答えがわかりやすい事故事例調査を重視することが多い。安全の基本を学び根本的な改善を行うことより，経験したことからわかりやすい答えを求め，安全向上を効率的に実施したいという姿勢が見受けられるのである。この事故事例も，同じ業界の事故には学んでも，業界が異なると興味を示さない場合が多い。また，事故分析で，直接原因の追究に時間をとられる場合が多く，その状況を生じさせた業務環境や風土，技術や知識の課題などにまで分析が及ばない場合が多いということもある。事故事例を自社に対して適用することを水平展開というが，その技術が十分ともいえない状況も散見される。また，起きてしまった事故の発生シナリオは深く検討を行うが，顕在化しなかった事故発生の可能性に関しては，検討しないことも課題である。

工学システムの安全を検討する際に，リスク論を用いた指標が用いられることも多くなってきた。ISO/IEC Guide 51では，安全の定義自体が「許容できないリスクから解放された状況」とされている。工学システムの安全やリスクに関する研究や対応は，主として影響をもたらす工学システムの研究者によってもたらされることが多いが，安全もリスクも影響を与えるものと与えられるものの相互作用であるため，影響を受ける社会や組織などの対象の研究者による分析も重要となってきている。リスクコミュニケーションの重要性も高まってきている(3.3.3項参照)。

1.1.4　安全に関するさまざまなリスク

社会には，さまざまな安全を脅かすリスクが存在する。図 1･4 に日本の安全関連事象の推移を示す。そのうち自然災害の被害数位をみると，1995 年と 2011 年に飛び抜けて大きな被害が発生している。阪神淡路大震災と東日本大震災が発生した年である。この経緯を単に数のトレンドとしてみればこの 2 つの点は単なる特異点として扱われることになる。しかし，リスクの視点からみれば，これが日本の自然災害リスクの特徴である。普段安全であると危機に対する意識が低下し，大きな被害にあうたびに危機感が復活するということが繰り返し行われる。

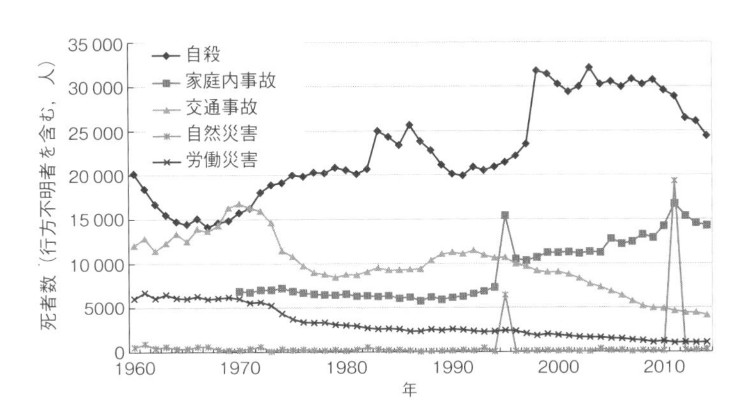

図 1･4　日本の安全関連事象の推移

東日本大震災による死者：18 131 人，行方不明者：2829 人（平成 24 年 9 月 11 日時点，消防庁発表）

［内閣府自殺対策白書，厚生労働省人口動態統計，総務省統計局統計データ，内閣府防災白書，厚生労働省報道発表資料より作成］

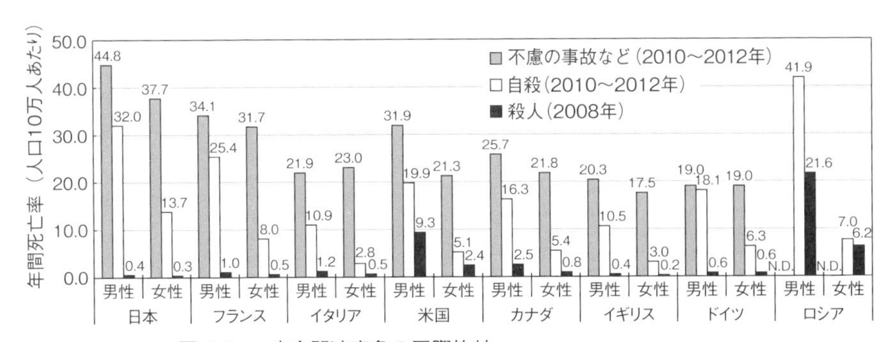

図 1･5　安全関連事象の国際比較

［国連統計部：人口統計年鑑 2011，総務省統計局世界の統計 2015 より作成］

家庭内事故は増加の傾向がある。この傾向は，今後単独世帯が増加するにつれてますます顕著に現れることとなるだろう。また，近年3万人近い死亡者が出ている事象に自殺がある。図1･5に，これらの事象の国際比較を示すと，殺人に関しては，日本は安全な状況といえる。家庭内事故も含めた不慮の事故は，日本は他国と比較しても高いレベルにある。さらに自殺に関しては，ロシアの男性を除くと，日本は男女とも世界でいちばん自殺率が高いことがわかる。このほかにも，高齢社会の到来による問題，パンデミック，テロ，戦争の脅威などの多様なリスクも存在する。

1.2 社会の多様なリスク

前節では，安全に関するリスクを取り上げたが，社会には多様なリスクが存在する。まず，社会や生活基盤としての経済に関するリスクがある。経済には，低成長というリスクもあるし，高成長が格差を生み，その格差はさらなるリスクを生みだしてくるという可能性がある。さらに，産業構造の大きな変化が日本の経済にどのような影響を及ぼすかを注視する必要もある。この経済問題は，財政とも密接に連動し，生活にも大きな影響をもたらすことになる。また，経済は少子高齢化の影響とともに，地域格差を拡大する大きな要因となる可能性がある。

豊かさ自体がリスクを生みだしている事例も多い。1.1.3項には，科学技術を要因とする事故を取り上げたが，科学技術は，人間の本能を弱めたり，情報通信技術（ICT）の発展が人と人の関係に変化を与え，コミュニティを弱くしたりする場合もある。

ICT社会は，さらに多様なリスクをもたらすことになる。ICTは，さまざまな利便性をもたらすとともに，その利便性が失われたり混乱することによって甚大な問題を引き起こす可能性もある。このICTの発展は，人間関係や働き方とともに教育などの幅広い分野に大きな変化をもたらし，社会に大きな変革をもたらすことになる。

医療の高度化も，健康寿命を延ばすという良い影響のほかに，高額医療を享受できるか否かによる格差を発生させ，寿命が延びること自体が年金問題や介護などの新たな問題を引き起こすことにつながってくるリスクもある。

さらに国際関係も，経済や紛争なども含めさまざまな影響を日本社会にもたらすことになる。

2

リスク概念とその対応の変遷

本章では，リスク共生という考え方を理解するために，リスク共生の基本概念である“リスク”について記述する。リスクの考え方は，時代とともに変化しており，リスクという概念とその対応に対する理解を深めることが，これからの社会問題を解決していくためには重要である。

2.1 リスクとは何か：不確かさは可能性である

リスク共生の基本は，潜在する多様なリスクから社会や組織目的に応じて受け入れるリスクを選択していくことにある。

リスクという概念は，さまざまな分野で広く使用されているが，リスクの定義も時代とともに大きく変化してきている。また，その定義もさまざまであるが，リスクの本質は，影響と不確かさという２つの要素をもっていることであり，このどちらか１つでも存在しなければリスクとはいわない。

とくに，“不確かさ”というのはリスクを特徴づける要素であり，どんなに大きな影響が生じてもその影響が必ず発生するものは，リスクとはよばない。したがって，リスクを考えるということは，不確かな事象を扱うという前提があることを認識することが重要である。

しかし，リスクにはこの不確かさが存在するために，リスクに対する認識や判断が難しくなるという問題がある。このため，リスク評価に不信感をもつ人の中には，よくわからない（不確かな）ことが多い場合は，リスクという概念は適用できないという意見をもつ人もいる。しかし，それは，本末転倒である。不確かだからこそリスクという概念を活用するのである。

リスクを理解するためには，この不確かさに対する理解を深める必要がある。

不確かさは，基本的に知識の欠落によって生じるものであるが，リスクの不確かさはいくつかの原因により発生し，その原因により不確かさの意味も異なってくる。

不確かさが生じる１つ目の原因は，人の個体の固有性からくるものである。同じ状況に遭遇しても，個体差によって被害が発生する場合と発生しない場合がある。人間の作業に対する信頼性もこの種の原因によって発生している。人によってその信頼性は異なるし，また同じ人であっても状況に応じてその信頼性は変化する。このことが，人と機械の差異ともいえる。

２つ目の原因は，自然のもつ多様性や製造技術のもつ再現性の難しさがある。地震や台風のような自然現象は発生する場所も時もさまざまであり，まったく同じものは存在しない。また，工学的に同じ製品を製造しようとしても，現在の技術では，一定のばらつきが生ぜざるを得ない。

３つ目の原因は，個別の知識不足から発生する不確かさである。対象のもつ要素を十分に把握できなかったり整理できなかったりすることにより，不確かさの要素を一定の分布で表す必要がでてきたりする。さらに，その知識不足のために安全問題を考える際には，その対象の要素を本来有している固有の分布よりさらに広い分布をとして考えざるを得ない場合もある。

４つ目の原因は，分析技術の未熟さから発生する不確かさである。リスクの顕在化シナリオを分析する際の，起因事象，シナリオ分岐や影響の種類，量に関する網羅性や完全性の不足が，リスクの不確かさを生み出す。また，影響は，どの影響を重要視するかでリスクの捉え方が異なってくる。リスクの影響は一意的に定まるものではなく，何の影響を重要視するかということや分類カテゴリーによって，リスクの捉え方は異なるのである。例えば，原子力分野のリスクとして放射性物質の環境への放出という事象があげられるが，放射性物質が環境下に放出しなければリスクは小さいと考えるのは，主として物理的影響を重視しがちな技術の視点によるリスクの捉え方である。同じような状況を市民の視点で捉えると，放射性物質の環境放出がなくても避難の可能性があることや，放射性物質の放出に備えて避難を行うこと自体が重要なリスクである。

リスクの定義は以下に述べるようにさまざまであるが，影響と不確かさという２つの要素をもっていることがリスクの本質であり，このどちらか１つでも存在しなければリスクとはいわない。

2.1.1 リスクの定義の変遷

本項では，まずこれまでのリスクの概念を記す。リスクという概念は，一般的には，以下に示すように“何らかの危険な影響，好ましくない影響が潜在すること”と理解されてきた。

① 米国原子力委員会の定義：リスク＝発生確率×被害の大きさ

② マサチューセッツ工科大学（MIT）の定義：
　リスク＝潜在危険性 / 安全防護対策

③ ハインリッヒの産業災害防止論の定義：
　リスク＝潜在危険性が事故となる確率×事故に遭遇する可能性
　　×事故による被害の大きさ

④ ISO/IEC Guide 51：危害の発生確率およびその危害の重大さの組み合わせ

このようにリスクの定義はさまざまであるが，その定義によってリスクのもつ意味が異なってくる。例えば，①の定義によると，リスクは発生確率と被害の期待値として扱われるため，リスク間の比較が容易になるという特徴がある。一方，この定義を用いると，しばしば起こる小さなトラブルとまれに起きる大きなトラブルは，同じということになる。しかし，一般的には社会でこの 2 つの事象は異なると考えられている。

①～④までの定義に共通するのは，不確かさと何らかの被害が発生するということであり，これらの定義により，リスクマネジメントは，好ましくない影響をコントロールすることだと理解されてきたことが多かった。

しかし，2009 年に発行された ISO Guide 73 および ISO 31000 では，リスクは，「目的に対する不確かさの影響」と定義された*。この定義の特徴は 2 つある。1 つは，リスクの定義に“目的との関係を記したこと”であり，もう 1 つは，定義の注記で“影響とは，期待されていることから，好ましい方向および / または好ましくない方向に乖離すること”と記されたことである。このことによって，リスクの影響を好ましくないことに限定していないことになる。このリスクの定義により，ISO 31000 では，リスクマネジメントが各分野の好ましくない影響の管理手法というレベルから，組織目的を達成する手法へと進化した。

以下，この 2 つの特徴に関して記す。

---

* ISO 31000 は 2018 年 2 月に改定されているが，この定義は変わっていない。

(1) リスクが組織目的との関係で定義されたこと：　この定義により，目的の達成に対して，何らかの原因（原因の不確かさ）が，何らかの条件下（起こりやすさや顕在化シナリオの不確かさ）によって起こる何らかの影響（影響の不確かさ）の可能性をリスクとして定義したことになる。言い換えると，目的を明確に設定しなければ，リスクが定まらないことになる。

また，ISO 31000：2009 ではリスク定義の注記で，目的について「例えば財務・安全衛生・環境に関する到達目的など，さまざまな側面をもち，戦略・組織全体・プロジェクト・製品・プロセスなどさまざまなレベルで設定され得る」としている。

(2) 影響の好ましい，好ましくないという概念：　このことは，これまでの一般的なリスクマネジメントにおいては，理解が難しいかもしれない。1 つは，文字どおり社会的に好ましい，好ましくないと考えられている価値観によって判断される双方の影響である。もう 1 つは，期待値からの乖離の方向が，好ましいか，好ましくないかによって定まる場合である。利益がでてもその数値が期待値よりも少なければ，好ましくない結果となる。また，好ましい影響と好ましくない影響は，同じ種類の影響の増減である場合もあれば，異なる種別の影響である場合も考えられる。

好ましい，好ましくないという概念は，利益，被害という社会的価値におけるプラスやマイナスの概念をさすと限定されているわけではなく，期待値からの乖離の方向性をさす場合もある。例えば，20 億円の利益を出す可能性が大きいとしても，もともとの目標が 30 億円の利益を出すことである場合は，10 億円の好ましくない影響をもたらすリスクがあると判断される。また，安全という本来好ましくない影響だけを目標としてきた分野においても，目標とした安全目標よりも高度な結果が得られる可能性は，好ましい影響をもたらすリスクが存在すると考えることとなる。

リスクマネジメントを実際の組織の意思決定において活用しようとする場合，好ましい影響と好ましくない影響との双方を考慮して判断を行うという概念は，非常に重要である。このことは，決して安全などの好ましくない影響の管理に対する軽視ではない。むしろ，利益などの観点から方針を決定し，安全などのチェックが二次的判断条件とすることを防ぎ，意思決定の段階から好ましくない影響についての管理を確実に検討することを求めているものである。リスクマネジメントにおいては，施策や運用などの多方面への影響を考えることが重要となるのである。

a. 環境とともに変化するリスク

ISO 31000では特徴の1つとして，リスク分析に先立って，リスクに影響を与える環境を調査することを求めている。このことは，リスクが状況に応じて変わり得ることを示している。このことを認識すれば，リスク分析は常に最新の環境条件，もしくは将来の環境状況を反映したものが必要であることがわかる。

b. 組織におけるさまざまなリスクの分類

リスクは，さまざまな経験によって認識されてきたという経緯がある。組織に好ましくない影響をもたらすリスクに限っても，次のような多様なリスクがある。

① **人事・組織関連**：経営者責任，労働災害，社員犯罪，雇用差別，セクシャルハラスメント，社員誘拐，ヘッドハンティングなど

② **社会関連**：文化摩擦，特殊取引慣行，情報操作，信頼性低下など

③ **法務関連**：知的所有権，独占禁止法などの侵害

④ **製品安全関連**：製造物責任，製品タンパリング

⑤ **安全・環境関連**：自然災害，設備事故損害，環境汚染，社屋防護

⑥ 情報管理，販売，金融・財務，流通など

また，リスクのカテゴリーに関しても，さまざまな分類法がある。

① **被害の種類による分類**：環境リスク，労働災害リスク

② **業態による分類**：商業リスク，銀行リスク，（装置産業リスク）

③ **製品・商品による分類**：金融リスク

④ **被害の形態による分類**：火災リスク，爆発リスク，建築物倒壊リスク，プラント故障リスク

⑤ **原因による分類**：地震リスク，台風リスク，風水害リスク，異常渇水リスク，落雷リスク，危険物リスク，環境汚染物質リスク

⑥ **対処法の種類による分類**：戦争/内乱/クーデター，経済混乱，外貨不足，投資リスク，事業リスク，為替リスク，研究開発リスク，カントリーリスク，信用リスク

⑦ **管理部署による分類**：安全防災リスク，環境リスク，労働安全リスク，人事リスク，衛生管理リスク，法務リスク，製品事故リスク，重要取引先の営業不能リスク，倒産リスク，原料入手不能リスク，株主総会リスク，広報リスク，システムリスク，事務リスク，総会屋リスク，新商品リスク，機密漏洩リスク，内部告発リスク

2.1.2 リスク論とは何か

リスク論はその議論において確定論と比較されることが多い。リスク論と確定論の差異は，主としてリスクという概念がもつ不確かさの扱いによっている。リスク論は不確かさを不確かなままに扱おうとするものであり，確定論は不確かさを安全率という概念を採用すること，あるいは最大荷重の組み合わせを荷重要件とするなど影響の分布を包絡する条件として取り扱うことにより考慮しようとする。リスク論の特徴は，不確かさを前提とした分析理論であり，不確かさが存在すること自体が分析結果の有効性を損ねることはない。リスク論は，不確かさを適切に判断して，その不確かさを含めて有効な情報として活用するためのものである。

リスク論で使用するデータの失敗・故障・発生確率は，基本的には確率密度分布をもつものであるが，リスク論で活用する場合はその確率分布の性質と評価する対象などによって，確率密度分布の中央値を使用したり，中央値とエラーファクター（分散の大きさ）で使用したり，確率密度関数として取り扱ったりと，その使用法は多様である。したがって，算定されるリスクの発生確率もデータの確率の扱い方によって，特定の数値としてだったり，発生確率分布として表されたりする（図2･1）。リスクの把握のあり方も，中央値を採用してもよい場合と，その分布も含めて考慮すべき場合がある。

発生確率分布の大きさは，その対象が本来もっている性質を表現している場合や，本節の冒頭で記した知識や分析技術が未熟であるため生じている場合もある。前者の例としては，人間の失敗確率の分布は機械の失敗確率分布より広い傾向にあるということが人間と機械の差異を表すものとして知られており，その特徴を用いて判断に有効な情報を提供することもできる。後者の理由によって発生

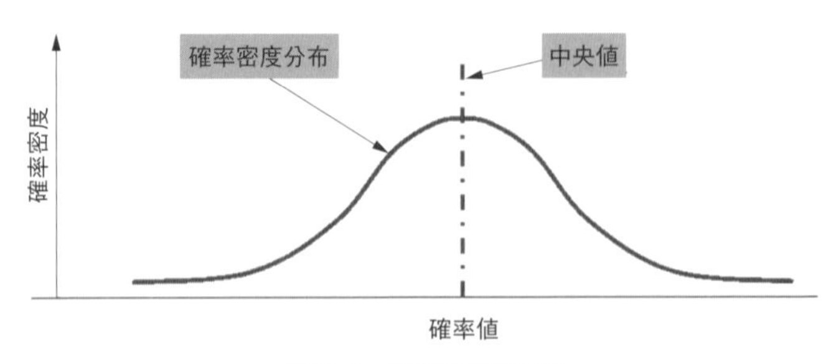

図2･1　確率分布概念図

する分布に関しても，その分布状況がデータや分析技術の課題も含めて，私たちが将来の事象を把握できる限界を示す指標として優位な情報となり得る。

リスク論は，本来漠然としたレベルでしか把握できていない状況を，仮定を重ね確定的に取り扱うことの危うさを懸念するものであり，さまざまな知見不足や技術不足のために把握できていない状況はそのまま認識することで，今後の対応を考えることに意義を見出そうとするものである。

影響の大きさも発生確率と同様に，本来分布をもったものとして把握される場合が多いが，その取扱い方法は発生確率の場合と同様である。

このように，本来のリスク論は，対象をあるがままに表現して，その可能性を検討するものである。しかし，データの不足や分析の複雑さを避けるために，不確かさを確率分布ではなく一定の値を採用して算定を行う場合がある。そのことによる分析結果の誤差は，本来のリスク論の欠陥ではなく分析の未熟さによるものであり，このことは確定論においても生じ得る問題である。

これまで，リスク論の扱う定量的な問題に対して記述してきたが，リスク論の価値は，多様なリスクの顕在化シナリオをその多様性のまま把握できることにあり，その多様なシナリオの中に非常に多くの有意義な情報が含まれている。

2.2　事故防止に対するリスク論の位置づけ

正しい判断を行うためには，将来生じるであろう可能性をなるべく多く知っておいたほうがよいということに，疑問の余地はないだろう。リスク論の存在意義は，そこにある。

これまでの安全対応は，主として失敗に学ぶという方法が用いられてきた。事故を経験すれば，その対応の必要性は明らかであるし，その課題ポイントも明確になるため，対応も考えやすかった。しかし，この手法における安全対策は，再発防止にとどまるという課題があるとともに，一度は事故を経験してしまうという問題点がある。信頼性工学やリスク論の活用による未然防止の活動も存在はしたが，その対象となるリスクはその分野で課題であることが既知の事象となっている場合がほとんどであった。

一方，工学システムは，その機能が高くなればなるほど，発生する事故の規模は大きくなる傾向にあり，一度であれば事故を経験することが許されるという状況ではない。したがって，工学システムの事故は，経験しない事故をその可能性を考慮して経験する前に防ぐことが求められている。

そして，事故防止を検討する際には，その対象となる事故発生のシナリオを明らかにする必要があるが，事故発生は多様なシナリオによるため，その対象を特定のシナリオに絞り込むことは難しい。そのため確定論的安全手法では，対象となる工学システムに対する多様な負荷の中から想定される最大の負荷，もしくは大きな影響を与える負荷の組み合わせを考え，その負荷条件において対象システムの健全性を評価することにより，そのシステムの安全を検証・確保したことになるという考え方であるが，必ずしも限られた負荷の組み合わせ，たとえばそれが最大荷重の組み合わせであっても，システムの健全性を保証できるわけではない。

では，可能性を察知する際に，なぜリスク論は有効なのか？　それは，リスク論の特徴が，多様な顕在化シナリオを検討することにあるからである。経験によっても，複数の事故顕在化シナリオを知ることは可能である。しかし，過酷事故は，その発生確率がきわめて小さい事象も含むために，経験によるシナリオ把握という手法では十分ではないことは明らかである。

また，リスク論には，リスクやその顕在化シナリオの把握のほかにも，その対策効果をリスク減少の評価として安全対策に対して反映できるという特徴もある。また，安全対策の効果を，その事故発生シナリオと対策の失敗シナリオの組み合わせで評価することができるのである。

過酷事故の未然防止や事故発生時の拡大防止には，この事故対策の効果をきちんと検証することが重要である。また，このように経験できないようなごくまれな事故発生シナリオを把握し，その対策の効果を検証するためには，論理的に事故シナリオを洗い出すリスク論を活用する必要がある。

リスク論は，これまでの確定論との比較で，その評価を一意的に定めることができないため，安全分野への適用が難しいという意見もあるが，一般的に未来は不確定であり確率過程にある。この不確定な状況を確定論のみで対応しようとすると，膨大な投資を要求することになるし，多くの対策の新設による変更管理リスクなどの新たなシステム論的課題も発生する。

神はサイコロをふらないという論もあるが，神ならぬ人の立場では未来を見通すことは難しいという謙虚な姿勢をもつべきであろう。この確率過程にある事象を確率的アプローチであるリスク論で把握しようとすることは，きわめて当たり前のことである。

リスク論を安全分野に適用する際に重要なことは，リスクが未来の指標であるということを忘れないことだ。環境が変われば，リスクも変化する。この環境の変化には，新たな知識の獲得も含まれる。

リスク論の適用によって明らかにできることは，分析によって把握したシナリオをもつリスクを対象として，その対応を考えられることにある。リスク論は，分析して把握したリスク以外のリスクの存在に関して議論することはできないが，新たなリスクを1つひとつ把握し，その対応を検討していく活動の積み重ねが，対象とする工学システムの安全レベルの向上には必要である。また，この多様なリスクを把握するための手法やシステムの開発研究も，今後の重要な課題である。

確定論とリスク論は相容れない考え方ではなく，互いに連携して安全を向上させるものである。その発生確率などにかかわらず，対応が必要な事象に関しては確定論による規制などが必要であり，その対応レベルを超えたまれな事象に対してリスク論による対応の検討が有効である。確定論だけで安全を確保できるというわけではないし，リスク論だけで安全・安心を確保できるというわけでもない。過酷事故を防ぐためには，私たちは，未来に対して謙虚である必要がある。

2.3　安全とリスクマネジメント

現在のISO 31000による安全の定義は，「許容できないリスクから解放された状態」とされており，安全を議論する際にリスク論を用いるのは，当然のことである。ただし，安全目標となるリスク基準は，自然科学的客観視点だけで決まるものではなく，社会的環境も合わせ，総合的に判断されるものである。そのことは，安全の定義において「許容できない」という主観が含まれていることからも明らかである。

リスクにどのように対処するかということは，その対象の置かれている状況や社会の価値観によっても変わってくる。その意味では，リスクへの対応として“リスク管理”というあるべき状況を実現するために実施する活動にとどまらず，目標とするリスク基準をどう定めるかという観点から検討を行うリスクマネジメントという概念も取り入れるべきである。

また，安全活動を許容できないリスクを対象と考えたために，技術者が許容できると考えた事象は議論の対象にならず，その結果危機管理の対象からも外されることになった場合もある。

そして，日本では，マネジメントを管理と翻訳したために，リスク基準は既知のものであり，その状況を担保することがリスク管理の目的とされ，リスク基準自体を議論する素地が弱くなったきらいがある。

社会に有用な工学システムは，常に社会に対して好ましい影響と好ましくない影響をもつ。言い換えれば，そのような工学システムは，稼働停止によっても同様に双方の影響をもつし，評価の対象とする工学システムの代替候補の工学システムも同じである。また，対象とする工学システムのリスクを許容できるか否かは，そのときの社会状況，対象となる工学システムの社会的有用性やリスクを低減するためのコストも含めて判断されるものである。

工学システムのリスク評価ではこの多様な視点による評価を行い，目指すべき社会目標の実現に向けて最適な判断を行うこととなる。判断を適切に行うためには，リスクに対する理解が不可欠である。リスクを理解するための手法は多数存在するが，事故の顕在化シナリオを明らかにして，その対応の必要性を判断するための手法として確率論的リスクアセスメント（PRA）の活用は有効である。そして，リスク評価を適切に行うためには，その目指すべき社会像を明確にして共有しておくことも重要である。

参考文献

- ISO 31000：2009（Risk management—Principles and guidelines）; ISO 31000：2018（Risk management—Guidelines）
- 日本学術会議総合工学委員会　工学システムに関する安全・安心・リスク検討分科会：工学システムに対する社会の安全目標（2014）.

3

リスク共生の概念

3.1　なぜリスクと共生しなくてはいけないか

これまでも述べてきたように，リスクは生命，環境，社会活動に対して不確かな影響を与える危険性と認識されることが多かった。しかし，最新のリスクマネジメント規格 ISO 31000 では，「目的に対する不確かさの影響」と定義されており，その影響は期待されることから好ましい影響と好ましくない影響があるとされている。この定義によると，リスクは好ましくない影響のみを扱うのではなく，好ましい影響と好ましくない影響の双方を取り扱うことになる。また，リスクを目的との関係で定義されたことにより，目的を決定しないと何がリスクかも決定できないことになっている（2.1.1 項参照）。

リスク共生を考える際のリスクとしては，この定義を採用すると考えやすい。このリスクの考え方を採用すると，社会に投入される技術や施策は，社会に対して好ましい影響と好ましくない影響をもたらす可能性があり，リスクの影響としてはその双方の影響を考えることになる。このリスクの考え方は，リスクのもたらす好ましくない影響を変えようとすると，好ましい影響も変化することになり，リスク共生の必要性を考えるうえで重要な前提となる。

豊かさを獲得すればするほど，その豊かさが失われたときの影響は甚大になる。利便性を求めて，都市を巨大化していけば，そこが地震などの大きな災害に見舞われたときは，被害が拡大し混乱は増幅する。IoT（internet of things，モノのインターネット）の発展によりシステムの高度化が進むほど，そのシステムの機能が混乱したときの影響は大きくなる。

現代社会においてコンピュータが使えない状況が発生した場合は，社会活動や生活に大きな影響を与える。しかし，コンピュータが存在しなかった 100 年前の

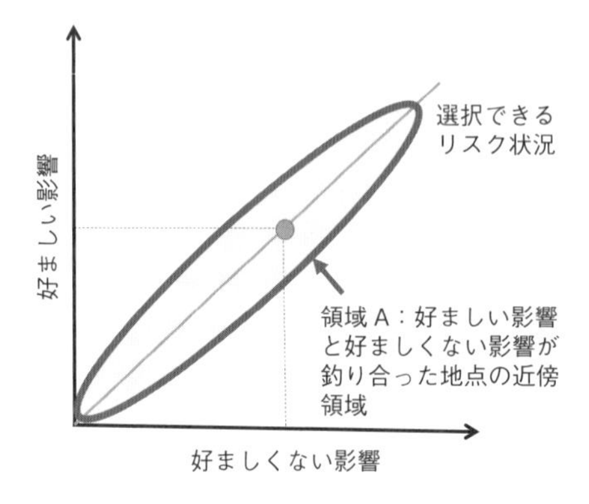

図3･1　リスク選択の考え方

社会では，コンピュータが使えないということには，何のリスクも存在しない。コンピュータの誤作動や停止のリスクをゼロにするには，コンピュータの活用を断念するしかない。

科学技術の進歩が引き起こす巨大な事故災害を避けようとすると産業経済の成長に関する影響は覚悟しなければならない。

この考え方をわかりやすく表現すると図3･1のようになる。好ましい影響と好ましくない影響の組み合わせは自由にとることができるわけではない。図3･1の領域Aの近傍に限られるということである。

また，社会に潜在するリスクは互いに関係しており，あるリスクへの対処がほ

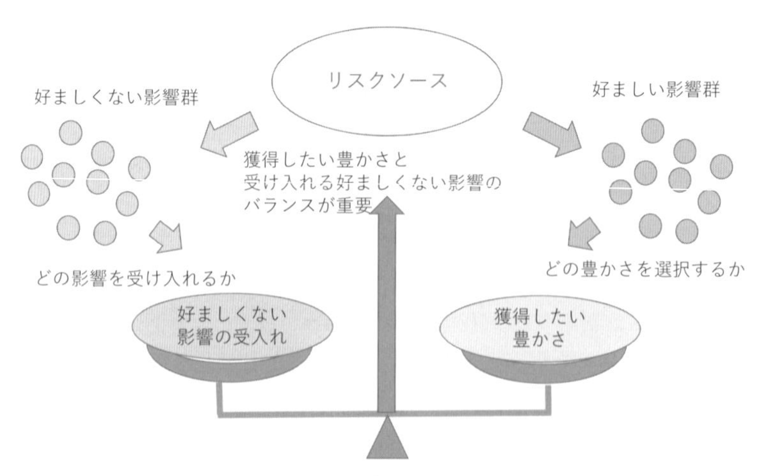

図3･2　リスク共生社会におけるリスクの捉え方

かのリスクにも影響を与える。つまり，社会に潜在するリスクは独立ではなく，あるリスクを小さくすれば，あるリスクは大きくなるという関係にあるのである。

津波に対する備えとして堤防を張り巡らせば，観光地としての価値は下落する。安全に対する備えが進むほど，危険に対する人間の本能は失われていく。人間のミスを防ぐために機械化を進めれば，機械故障によるリスクは増加する。したがって，個別リスクへの最適なリスクの集合が，社会に潜在するリスク全体への対処としては必ずしも最適な対応とはいえなくなる。ある問題への対応策が別の問題を引き起こす可能性があるため，リスクの総和は求める豊かさに比例して一定の値をもつとも考えることができる。

このことから，社会のリスク全体への対応としては，どのリスクをどのレベルで受け入れるかというリスク対応のバランスをとることが重要になる。これが，リスク共生の考え方である（図3･2）。

3.2　リスク共生社会とは何か

3.2.1　リスク共生社会の概要

リスク共生とは，存在する多様なリスクからその社会や組織において重要と考える価値観に沿って受容するリスクを選択して社会・組織の運営や生活を行うことである。リスク共生社会とは，リスク共生の考え方によって，存在する多様なリスクからある種のリスクを選択して運営される社会である。そして，豊かさを目指すとそこには必ずリスクがあることを認識し，ある種のリスクを受け入れることを覚悟して，リスクへの対応の選択を行う社会である。

リスクを選択するということは，リスクを我慢して受け入れることではなく，納得してリスクを受け入れることである。そのためには，まずその社会に潜在する多様なリスクを知る必要がある。

また，社会の構造も，地域という視点だけではなく，個人・世帯から世界までの階層があり，図3･3に示すような関係にある。リスク共生社会とは，どのような社会を目指すかで，受け入れるリスクが異なるという特徴をもち，以下の要件をもった社会のことである。

① 社会の課題への対応を考える際に，その課題を社会のほかの多様な課題とともに社会の最適化の視点で検討することが求められる社会。

② 再発防止にとどまらず，リスク時点での対応が可能な社会。

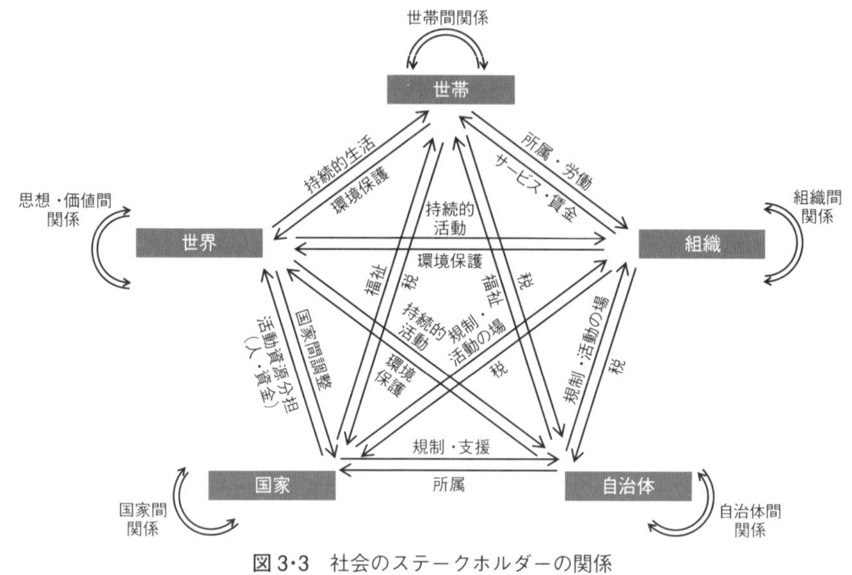

図3･3　社会のステークホルダーの関係

③　豊かさを目指すとそこには必ずリスクがある。リスクが存在することを覚悟して，政策の選択を行う社会。

リスク共生社会は，個々の価値観を大切にしながら，社会の最適化を目指す社会であり，この社会においては，個別問題の最適化の集合が全体最適化にならないという難しさがある。

リスク共生社会の創造には，社会のリスクへの対応を考える際に，そのリスクを社会のほかの多様なリスクとともに社会の最適化の視点で検討することが求められる。リスク対応では，特定の好ましくない影響は小さくすることは可能であっても，リスクへの対応策が別のリスクを派生させるためには，何らかのリスクを受け入れる必要があるということを認識してその対応を考えることが重要である（成長をしないというのも，ある価値観では好ましくない影響）。

しかし，リスクの受け入れの選択が難しい理由として，社会にはさまざまな価値観があり，時期，状況，立場によって対応すべき問題が異なっているということがある（図3･4）。一般に，リスク対応においては，目前の課題や自分が担当する課題の解決に注力する傾向があり，その課題対応によって発生する新たな課題に対して関心が薄かったり，把握する技術がなかったりする場合が多い。このような状況下では，リスク共生社会創造のための活動ステップを社会全体で共有

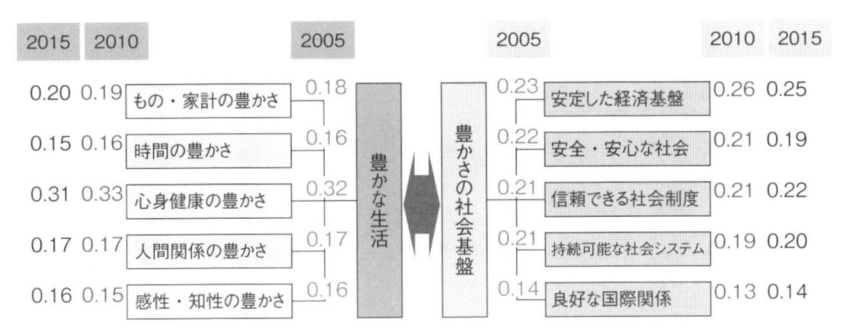

図 3･4　社会の多様な価値調査例　豊かさの構成要素と重み係数（AHP 手法による評価）
［2005 年，2010 年の結果は三菱総合研究書科学技術を基盤とした豊国論研究より抜粋（2010）］

し活動を実施していく必要がある。世界では社会を構成する価値観が議論されている。表 3･1（次ページ）にその概要を示す。

3.2.2　リスク共生社会は，リスクマネジメントで実現できるのか

リスクマネジメントは，リスクを分析し対応を判断していく技術である（3.3.1 項）。リスク共生も，リスク対応を考えることによって実現していくものであり，リスクマネジメントの活用は有効である。

ただ，一般的なリスクマネジメントと異なることが 2 つある。1 つ目は，マネージャーが明確でないことである。リスクマネジメントは，マネージャーの技術であるが，社会にはそのマネージャーの存在が明確でないという問題がある。2 つ目は，検討の対象とするリスクの範囲が広いということである。社会の根本に関する判断であるほど，検討のために必要なリスクの範囲が膨大になる。

ここが，従来のリスクマネジメントとは異なる点である。

3.3　リスク共生社会を創造するための技術

リスク共生社会を創造するためには，まず社会に潜在するリスクを知る，個々のリスクを評価することがその第一歩となる。そのための手法として，リスクアセスメントがある。リスクアセスメントは，不確実性を考慮しながらリスク要因の抽出と評価が必要となり，新たな可能性を追求するにあたり，どのリスクをどう選択し，かつ総合的なリスクに対してどう対応するかが重要である。

さらに，リスクアセスメントの結果に基づきリスク対応を行うことになるが，

表 3·1 世界の価値観概要

	もの家計	心身健康	人間関係	感性知性	時 間	経済基盤	安全安心	持続可能	社会制度	国際関係	備 考	原案にないもの
原 案	収入，資産，住居，サービス	精神，身体（将来を含む？）	公・私コミュニティ	自分の成長，他への心の動き	時間の自由度	産業 雇用 モノ・サービスの供給	治安 災害	環境エネルギー 食・水	精度の公平性や多様性	戦争 国際関与	持続可能性は他項目と横並び比較	□家族などの状態に影響される豊かさ □時間（将来への不安，希望）・ライフステージに影響される豊かさ □思想（政治，信念）に関する豊かさ
GNH（ブータン，UN）	生活水準	健 康	公・私地域の活力	文化 教育		持続可能な開発		環境多様性	社会制度，選択の自由，統治			心理的幸福度（positive affect と negative affect を計測） Generosity，統治（政治や制度に対する市民参画）に関する項目
BLI（OECD）	住宅 収入 財産 仕事	健康（将来を含む）	社会的つながり	教育・技能	公私の調和（WLB）		治安 凶悪犯罪	環境の質	市民参画			生活満足度 ガバナンス（市民参画など）に関する項目 持続可能性については別立て
IWI（UNEP など）				教育 技能 土地・森		物的資本 教育 技能		化石燃料 鉱物など				持続可能性は持続可能な社会発展をするものであり，全体にかかる。
幸福度指標試案（内閣府）	住居 子育て・教育，雇用	身体面 精神面	家族 地域			子育て・教育，雇用		自然 持続可能性	ライフスタイル		分野：経済 健康 関係性	主観的幸福感（方向性，理想，将来，人並み感など） 子育て・教育については明示的にはない ライフスタイルに関して明示的にはない ライフステージ別調査。持続可能性については別立て。
ふるさと希望指数（福井県など）	雇用 収入	健 康	家族 地域交流	成長 教育	ワークスタイル 教育	雇用 時間利用	安全 安心		ワークスタイル		仕事 健康 家族 教育 地域交流	家族の健康（将来を含む），家族の教育状態，家族の社会とのつながりについては現状ない。
県民総幸福量（熊本県）	家計所得 消費活動 住まい	健 康	公・私コミュニティ	教育環境 歴史 文化	仕事 教育環境	食の安全 生活環境の安全	防災 治安	自然資源			経済 夢・希望 誇り 将来	強い時間軸の概念（夢・希望，経済，将来） 家族の状況も影響される自分の幸福
幸福実感日本一（三重県）			幸福実感向上のためにどのように取組んでいくべきかなどを考察									「家族」の状況などから受ける自分の幸福度
Subjective Well-being			人々の幸福感に関する考察レポート									政治的な自由度，広義の信念体系（宗教の影響）
SDGs（アジェンダ 2030）			持続可能性を全分野で適用									持続可能性は持続可能な社会発展をするものであり，全体にかかる。

この2つを合わせてリスクマネジメントという。リスクマネジメントは，プロジェクト，組織，社会のさまざまなリスクへの検討・対応の手法として用いられている。

現状のリスクマネジメントは，取り扱う個々のリスクを好ましくない影響として捉え，かつそれぞれのリスクを独立として扱うことが多いが，リスクの影響を好ましい影響と好ましくない影響の双方をもつという最新のリスクとして捉え，多様なリスクをそれぞれ連携しているものとして扱い，さらに，社会や組織の限られたリソースの中で，最適化を行えば，リスクマネジメントはリスク共生の手法として取り扱うことができる。

3.3.1　リスクアセスメント

リスクアセスメントとは，次の3つのステップからなる。

(1) **リスク特定**（risk identification）：　分析の対象となるリスクを特定すること（工学的アセスメントでは，ハザード（潜在的危険源）を特定して，分析によりリスクを明らかにする方法も用いられる）。

(2) **リスク分析**（risk analysis）：　リスクの顕在化シナリオを検討し，影響の大きさや起こりやすさを算定する。

(3) **リスク評価**（risk evaluation）：　リスク基準と分析したリスクを比較して，その対応方針を決定する。

以下にそれぞれの特徴を記述する。

（1）リスク特定とリスク分析の特徴

リスク分析には，発生確率や影響の大きさを数値で評価する定量的評価手法のほかにも，半定量的評価手法や，定性的評価手法がある。定性的手法で分析を行っても，そのシナリオ構造などから事故進展の重要な分岐点を把握するなどの有意な結果を得ることができる。

リスク分析には，ハザードを同定してリスクを算定するイベントツリー（ET）などによる帰納的手法と，リスクを特定してその原因を探るフォールトツリー（FT）などによる演繹的手法がある。これまで，過酷事故の主シナリオ分析に使用されることが多かった前者の方法は，個別のシナリオ分析に優れており，事故を一定規模に進展させないための対処事項について，有用な知見を得ることができるという特徴をもち，後者の手法は，トップ事象に掲げたリスクに関して演繹的にそのシナリオを分析し，その全容を知ることができるなどの特徴がある。しかし，前者には初期事象（またはハザード）を網羅することが難しく，後者には理論的には網羅することも可能であるが，複雑なシステムでは組み合わせの爆発が生じるなどの課題も存在する。

リスク分析もその分野に応じて手法が異なり，工学的な分野のリスク分析においては，ハザードを特定しそのシナリオ分析によってリスクを把握するという方法が多く使用されてきたが，経営の世界では，その組織目的達成に影響を与えるものをリスクと定め，その発生シナリオを把握するという方法が多く用いられる。

リスクへのアプローチ法によって，リスクの捉え方も変化してくる。安全問題をリスクの特定から考えると，例えば，“放射性物質の施設外への漏えい”というリスクが防止するべきものとして特定できる。この状況の発生要因としては，障壁の機能不足や消失という事象があげられ，さらにその要因として，「内圧上昇」「外力」「熱の発生」などの原因があげられ，そこには，内部事象，外部事象という原子力の分野で使用されている従来の発想が先に出てくることはないし，炉心損傷に事象を特化することもなくなる。

また，リスクの定義もさまざまである。原子力のリスク分析においては，リスクを頻度と影響の積である期待値の形で扱うことが多いが，この定義での評価が有効なのは，発生頻度や影響の内容が，同じ感覚で扱える範囲に限られていることである。例えば，発生確率が 10^{-1} ～ 10^{-2}/年のリスクと 10^{-5} ～ 10^{-6}/年のリスクを同列で議論できるものではない。過酷事故のように，影響が巨大であり発生確率が著しく小さい事象に関して，影響が相対的に小さく発生確率が大きな事象との比較において，このリスクの定義を使用することは適当ではない。リスクの定義は，その事象の評価に相応しい定義を用いる必要がある。

リスク分析は，その分析目的によりリスクの定義も含めて最適な手法を選択することが重要である。また，その結果とリスク基準を比較することによってその対応を判断するため，リスク分析の内容や精度は比較すべきリスク基準に沿って決定されることが望ましい。

（2）リスク分析の精度に関する注意事項

リスクの評価手法は，その使用目的によっても，求めるリスク指標や精度が異なってくる。日本学術会議の「工学システムに対する社会の安全目標」（以下，安全目標報告書と記す）には，安全目標と現状リスクを比較する際のリスク分析では，以下の事項が要求されている。

- 経験した災害・事故・トラブルに限定することなく，可能性を洗い出すように努めること
- 安全性評価にとどまらず，どこまでいけば危険かという危険性を評価し限界を見極めること
- 対象とする製品・システムに関しては，製造から廃棄までのリスクを総合的に評価すること
- 設備・部材・製品の故障・経年劣化を反映すること
- ヒューマンファクターを考慮すること
- ソフトウェアリスクを考慮すること
- 変更管理によるリスクを考慮すること
- 不確定性の高いパラメータは，その設定の考え方について明らかにすること（原則として，希望的観測に基づきリスクを小さく評価しないように注意すること）
- 最新の知識や環境の変化を反映すること
- 自然災害などとの複合事故も想定すること
- 非定常作業時のリスク評価も行うこと
- 事故拡大防止対策の失敗確率を考慮すること
- 影響の大きさに関しては，人身への影響，物理的被害の影響のほか，環境（生態系，動物）・社会・地域・生活・組織などへの影響も評価すること
- 使用する情報の公開性・検証性を確保すること
- リスク論的目標設定を行うのは，対象システムなどの現状リスクが検証できる範囲に限るものとする

なお，最後の「リスク論的目標設定を行うのは，対象システムなどの現状リスクが検証できる範囲に限るものとする」との項目は，検証不能なほど低いリスク値を目標として設定しても，定量的なリスク評価結果を安全管理上の意思決定に用いるという本来の目的に役立たなくなることに注意を喚起している。

工学システムの評価では，その施設のもつ事故が社会に与える影響や社会の価値観によっても，どの程度まで確率を下げるべきかが変わってくるので，それに応じて評価の詳細さも変わってくる。

リスク評価においては，その対象を社会リスクの観点からも，その分析手法やレベルを適切に定めることが必要となる。

(3) リスク評価

一般的にリスク評価は，工学システムの現状リスクとリスク基準（安全目標）と比較することによって，リスクを低減するか，保有するか，保有・共有するか

という対策の選択を行うことになる。対策により低減したリスクが許容できない場合は，リスク源を省いてリスクを回避する判断を行う場合もある。

リスク対応として“低減”という方針を選択した場合は，対策効果を検証し対策後のリスクがリスク基準を満足していることを確認する必要があり，低減効果が十分でない場合は，さらなる対策を実施する必要がある。評価により低減という方針を決定しても，具体的な対策を検討した結果，経済的または技術的に実現が難しいと判断した場合は，対応方針を変更することもある。

リスクは，その根本原因を排除しない限り理論的にはその発生確率をゼロにすることはできない。したがって，リスクマネジメントを活用する際には，リスクの“保有”という選択肢があることを認識することが重要である。さらに，保有されたリスクのうち，発生確率は小さいが影響の大きなリスクは，危機管理の対象とされる。事故発生時の危機管理（事故拡大防止）をより有効にするためにも，保有しているリスクを認識していることは必要である。

また，根本原因を排除することによるリスクゼロを目指す，すなわちリスク“回避”という方針を選択をした場合は，その工学システムのポジティブな機能も享受しないという選択でもある。最新のリスクマネジメントでは，リスクを生み出すハザードをリスクソースとよぶことが多いが，これはリスクとは不確かな可能性であり，その影響は好ましい場合と好ましくない場合の双方をもち，その対応判断は，リスクのもつ双方の影響を考え合わせて行うべきだという考え方による。

安全目標報告書では，安全目標について，「安全目標は時代とともに変化するという認識に立ち，人命に加え，社会的リスクの最適化の観点も考慮に入れて対象のシステムの稼働・不稼働がもたらす人・社会・環境への多様なリスクを勘案して決定すべきものである」としている。具体的なリスク基準は，「達成できない場合は許容されない基準値（A）とさらなる改善を必要としない基準値（B）を設定し，基準値（A）と基準値（B）の間は，リスクを総合的に判断して対応を定めることになる」としている。そして，「事業者・専門家は，最新の知識・技術を用いて，現状リスクを把握・報告する責務をもつが，最終的に，その許容を決めるのは，社会的にその責任をとることができる主体である行政などが望ましい」としている。

評価する場合のリスクの起こりやすさや影響の大きさの取り扱いに関しては，その値のもつ意味を考え，算定値の中央値で評価すべきか，分散も考慮して評価すべきかを判断する必要がある。

リスク基準の設定例

安全目標の1つに，死亡確率を10^{-6}/年という値があるが，これは，最も死亡率が低い年代の死亡率の100分の1として設定されたものである。図3･5は，年齢階級別（5歳刻み）の死亡率であり，最も低い死亡率（10～14歳）：10^{-4}/年であり，このバックグランド値の“1%”を超えない⇒10^{-6}/年が設定されている。

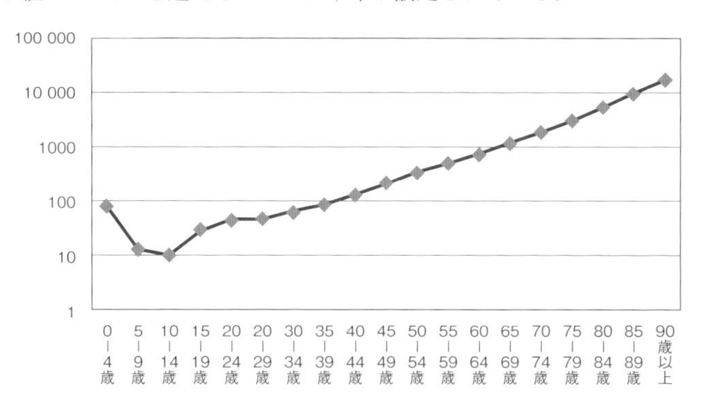

図3･5　日本における年齢階級別の死亡率（対10万人）
［平成14年 我が国の人口動態，政府統計より作成］

また，対象とするリスクを受容できるか否かは，起こりやすさや影響の種類や大きさだけでなく，その顕在化の原因によることもある。

3.3.2 リスク対応

リスクへの対応は，リスク評価に基づいて1つまたは複数の選択肢を選び出し，実施するものである。リスク対応では，単に対応を実施すれば良いわけではなく，その対策の効果を検証しリスク基準を満足する結果となることを確認する必要がある。そのためには，あるリスク対策の内容の分析を実施し，その効果を検証し新たなリスク対応を策定するという循環プロセスも対応策の検討に含まれなくてはならない。

また，最適なリスク対応選択肢の選定においては，法規，社会の要求などを尊重しつつ，得られる便益と実施費用・労力との均衡を取ることが求められる。一方，対応の意思決定においては，経済的効率性より重要な社会的要求があることを念頭に置いておく必要がある。

対応計画では，気づいた順番に対応を実施するのではなく，対応策全体の中から個々のリスク対応を実施する優先順位を明確に記述しておくことが望ましい。そして，リスク対応には，ある問題への対策を打つことが別の諸々のリスクを派生させることがあることに注意する必要がある。

リスク対応の実施に際しては，対策の技術の実効性や実現性，必要となる費用や期間，そして対策が生み出す新たなリスクなどを踏まえたうえで，対策の優先順位を再検討し，必要に応じてはリスク評価の見直しを行う場合もある。

3.3.3　リスクコミュニケーション

リスクコミュニケーションは，リスク共生社会の基本となる技術であり，その高いレベルでの実現が求められる。

a.　リスクコミュニケーションの位置づけ

リスクコミュニケーションは，対象のステークホルダー間によって行われる意見や情報のやり取りの相互作用過程であり，1970年代に米国で生まれた。最初は，専門家のリスク評価を市民に教育・説得する活動として開始されたが，20年間の活動で見直しが行われ，ステークホルダー間の相互信頼関係を築く活動に進展していった。

コミュニケーションには，以下の2つの意味がある。

① 伝　達：危機管理のときに実施するクライシスコミュニケーションはこの概念。この場合は，伝えたいことを，伝えたい人に，伝わる方法で，伝えることが大切である。

② 交信・対話：この場合，住民などのステークホルダーの理解を得るのではなく，共通の理解を広げることが大切である。

リスクコミュニケーションは，かつての“分析したリスクについての話し合い”から，“有効なリスクマネジメントを行うための環境整備”へと，その意味合いが変化してきた。環境整備の要点としては，以下のとおりである。

- 組織が置かれている状況の把握と共有
- 効果的なリスクの洗い出し支援
- リスク分析のための多様な専門知識の収集
- リスク評価の多様な見解への配慮
- リスク対応時の適切な変更管理の強化
- 対応計画への承認および支援

- ステークホルダーの関心事の理解と考慮を確実に共有

b. リスクコミュニケーションの要点

リスクコミュニケーションにおいては，以下の視点が大事である。

① 事実を伝える

② 情報の位置づけを明確にする

【例】 ・過去との違いを明確にする

・法規の位置づけを明確にする

③ 集団のリスクコミュニケーションでは，相手を意図的に選択しない

④ 聞き手が知りたい情報をわかりやすく発信する

⑤ 相手の発言の真意を理解する

また，リスクコミュニケーションは，互いの意見を共有する仕組みでもある。この場合，以下の視点が重要である。

① 市民の理解を得るという考えから，共通の理解を広げるという考え方に転換する

② 専門家がリスクを算定し，説明する手法の限界

③ 何がリスクであるかという判断の時点での共有が重要

④ 市民の真の不安・要求を聞き取る気持ちと技術の確立が必要

⑤ リスクコミュニケーションを始めるタイミングが重要

リスクコミュニケーションは判断に影響を与えるが，その影響の与え方は一様ではない。受容を増加させるのに大きな影響を与える事項と，非受容を少なくする事項は異なる。その概要を表 3･2 に示す。

社会としての意思決定を行うためには，以下の視点が重要である。

- 意思決定の指標の必要性
- どこまでのリスクを低減し，どこまでのリスクは保有するかを合理的に考

表 3･2 判断要素の寄与パターン

受容性	判断要因						
	未知性	リスクイメージ	存在価値	主体者への信頼	自己管理性	外的影響	問題の身近さ
受容パターン	低い	場合による	非常に高い	高い	高い	受けにくい	身近である
非受容パターン	非常に高い	非常に高い	低い	低い	低い	受けやすい	身近でない

え，社会と共有することが重要である

- そのためには，リスクコミュニケーションの成功が必須
- リスクコミュニケーションの目的を明確にして関係者で共有すること
- リスクコミュニケーションを用いて，何の目的を達成したいのかを共有する

一方で，リスクコミュニケーションの難しさ“正論であれば受け入れられるか”という問題がある。E. M. ロジャースが“Diffusion of Innovations”によって示した“技術革新の普及の理論”によれば，市民が新たなものを受け入れる場合は，以下の状況にある。

① 最も初期に採用する「革新者」 2.5%
② 比較的早く技術を受け入れる「初期採用者（オピニオンリーダー)」 13.5%
③ 他人を意識しながら新しいものを取り入れる「初期多数者」 34%
④ 社会の過半数が採用してからようやく自分も採用する「後期多数者」 34%
⑤ 新しいものにはとことん反対する「遅効者」 16%

なお，リスクコミュニケーションにおける理解と信頼の根源は，以下のとおりである。

- 市民が，科学技術などの専門的な内容を知識として，専門家と同等のレベルで理解をするのは難しい
- 信頼は，発言する内容によってのみではなく，発言する組織や人に対する信頼度によって異なる
- 日常から信頼される行政や事業者としての誠実な行動が必要
- 科学技術と社会の共生は，「科学技術創造立国」としての重要課題
- 安全分野におけるリスクコミュニケーションの役割
- 実施している安全活動を市民が知り，安心な社会を構築するためのツール
- 安全活動のPDCAの改善の重要な機能
- 政策や事業のリスクコミュニケーションにおいて，リスクを与える立場の行政・事業者とリスクの影響を受ける市民が，改善すべきことに関することも検討する必要がある。

3.3.4 リスクを総合的に判断する技術

社会の求めるリスク基準が複数あり，1つの指標を満足したとしてもほかの指標を満足していないシステムは受容できないために，安全の判断に必要な指標を

すべて検証する必要がある。しかし，すべての指標を満足するという考え方だけであれば，すべての指標を1つひとつ検証すればよいのであるが，限られたリソースではこの方法での対応には限界がある。社会に存在する多様なリスクは独立ではなく，あるリスクを小さくすれば，別のあるリスクは大きくなるという関係がある。そのため最終的には，どのリスクをどのようなバランスで受け入れるかを選択する必要がある。社会や組織運営において，ある種のリスクと共生をする必要があるということが，リスクを総合的に判断する総合指標設定の基本的な考え方である。総合指標の使用フェーズには，新製品・システム開発時，行政の規制時，既存のシステムの変更時などのいくつかがある。

多様なリスクのバランスを考えた総合指標の設定の難しさは，評価対象とするリスクの種類が異なるため，単なる数値やランクの加算などで評価するというわけにはいかないことである。総合指標の考え方は複数あり，いくつかの方策がある。以下に，総合指標の設定のために実施すべき2つのステップを紹介する。

• ステップ1：対象とする事象が社会にもたらすすべての重大な影響に関する

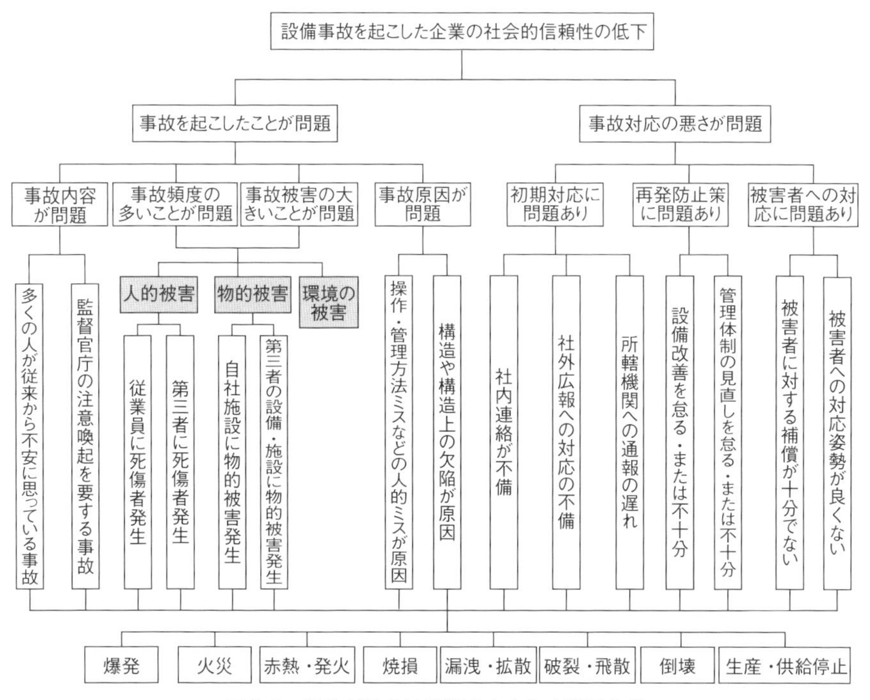

図3･6　事故が社会に影響をもたらす階層分析

表3･3 リスク重み分析例

一 次	二 次	三 次	四 次
事故を起こしたことが問題（0.49）	被害規模の大きいことが問題（0.40）	人的被害（0.59）	従業員に死傷者が発生（0.22）
			第三者に死傷者が発生（0.78）
		物的被害（0.095）	自社設備に物的被害が発生（0.16）
			第三者の設備・施設に物的被害が発生（0.84）
		環境被害（0.32）	
	事故頻度の多いことが問題（0.18）	人的被害（0.55）	従業員に死傷者が発生（0.22）
			第三者に死傷者が発生（0.78）
		物的被害（0.10）	自社設備に物的被害が発生（0.16）
			第三者の設備・施設に物的被害が発生（0.84）
		環境被害（0.35）	
	事故原因が問題（0.24）	原因が構造や機構上の欠陥であった（0.60）	
		原因が操作，管理方法などの人的ミスであった（0.40）	
	事故内容が問題（0.18）	監督官庁の注意喚起を要する事故（0.19）	
		多くの人が従来から不安に思っている事故（0.81）	
事故の事後対応の悪さが問題（0.51）	初期対応に問題あり（0.32）	社内連絡の不備（0.15）	
		社外広報への対応の不備（0.50）	
		所轄機関への通報の遅れ（0.35）	
	再発防止対策に問題あり（0.24）	設備改善を怠る（0.54）	
		管理体制の見直しを怠る（0.46）	
	被害者への対応に問題あり（0.44）	被害者に対する補償が十分でない（0.46）	
		被害者への対応姿勢が良くない（0.54）	

指標（リスク指標）を整理し，それぞれのリスクを検討する。

この検討すべき影響には，生命，心身の健康（短期，長期の健康被害・傷害・障害の視点も重要），プライバシー，利益，財産，環境への影響に加え，情報（喪失，漏洩），経済影響，物理的被害，社会的混乱，日常生活の不便などが含まれる。

- ステップ２：異なるリスクをその価値により重みを乗じて総合的に評価する。

その重みを企業で判断する場合は，経営者の価値観を反映することになり，社会としての判断の場合は，市民価値を含めた社会全体の影響・利益に鑑みてその社会の価値を反映することになる。重みの設定は，各リスクの価値観を階層分析法などで社会価値を定量化してリスクの重みとする方法や，リスクをその影響の共通なものを同じカテゴリーとして整理してリスクのランク評価を行い，カテゴリー間の重みを設定しリスクのランクにカテゴリーの重みを考慮して，そのリスクを評価するなどのいくつかの手法がある。階層分析を用いたリスクの重み分析の事例を図3･6，表3･3に示す。

複数のリスクを総合的に評価する指標を与えるモデルは，今後の課題である。

3.4 リスク共生社会創造のためのステップと課題

リスク共生社会を創造するためには，まず目指す社会像や価値観の構造を共有する必要がある。そのためには，社会価値の体系化や優先順位などを明らかにする必要がある。

次に実施すべきことは，社会目的に対して影響を与えるリスクを体系的に特定し，それぞれのリスク分析を行う必要がある。このリスク分析には，社会自体の変化やその環境の変化を考慮する必要があるのはいうまでもない。個々のリスク分析における課題もそれぞれの領域で検討する必要がある。そして，今後の重要な研究対象として，社会目的に合わせて受け入れるリスクを合理的に判断する手法の開発とその手法を活用するシステム構築の必要がある。

横浜国立大学リスク共生社会創造センターでは，リスク共生社会の創造に必要な研究開発を行うとともに，その実効性を検証することを目的として，研究成果の社会実装を行っている。また，社会の多様なリスクを評価するための社会リス

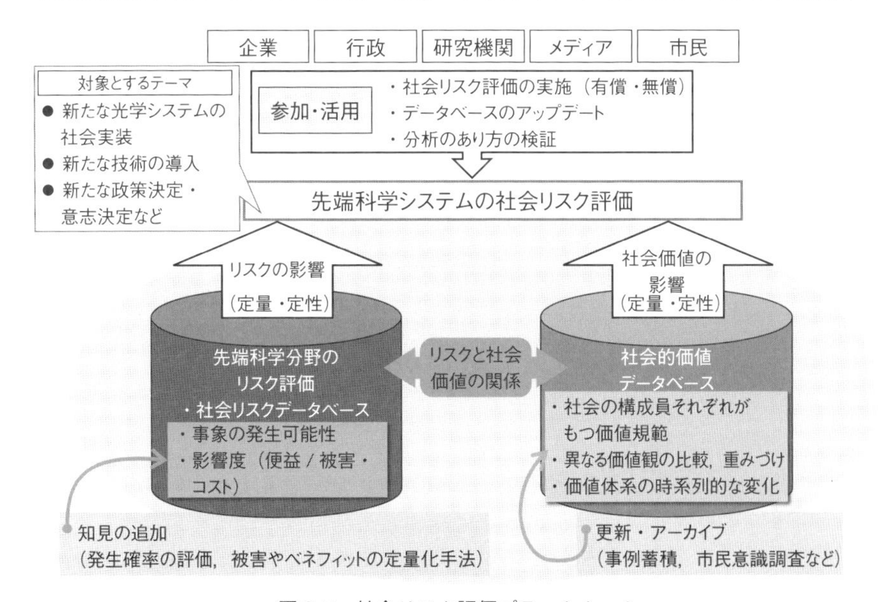

図3･7 社会リスク評価プラットホーム

ク評価プラットホーム（図3･7）の構築を活動のベースとして，リスク共生の考え方に基づくさまざまなリスク対応の社会実装や情報発信を通じて，リスク共生社会の考え方を普及していくことを目指している。

リスク共生社会を構築するためには，以下のステップを確実に実施していく必要がある。

(1) **リスク共生社会像の提示：**　社会として構築すべき社会像を明示することが重要である。

目指す社会像の共有には，時代とともに変化する価値の把握が必要である。また，目指す社会像としては，社会の価値の分布のバランスを考慮した1つの社会像を示すことがわかりやすいが，多様な価値観の存在する社会では，一意的に望ましい社会を定めることは多様な価値観の実現を難しくする場合もあり，異なる価値観を実現することができる複数の社会像が共存する社会を目指すことも考えられる。この場合は，先述した社会像の提示のうち，後者の市民が納得できる社会創造プロセスを示すことで社会像の提示を行うことになる。

(2) **目指す社会を構築する政策を議論する際のリスクを特定する：**　政策判断を行うためには，判断の際に検討すべきリスクを事前に特定しておく必要がある。

このリスク特定に際しては，社会や組織のリスクを体系的に整理することが重要であり，ステークホルダーやその価値を整理したうえで整理することが重要である。

(3) **リスク分析を行う：**　多様な分野におけるリスク分析力の向上が必要であり，各分野の特徴を踏まえたリスク分析技術の向上が必要である。

4章以降に示す先端科学高等研究院の研究成果は，この研究ステップにあたる。

(4) **分析した各リスクを共有する**（3.3.3項）：　各分野で分析したリスクを社会で共有する仕組みが重要であり，リスクコミュニケーションの高度化が必要となる。

(5) **判断するためのリスク選択の仕組みの構築**（3.3.4項）：　影響の種類も大きさも異なるリスクを総合的に評価する仕組みを構築する必要がある。個々のリスクと社会価値を考慮した判断を支援する仕組みの構築が必要である（図3･7）。

リスク共生社会の創造に向けて

4

暮らしやすい社会の実現
―ライフイノベーション―

社会における人間関係に着目すると，ソーシャルキャピタル，すなわち人々の信頼関係や規範の醸成による社会全体の人間関係の豊かさ，そしてそれらがもたらす協調行動がしだいに衰退しているとみられている。貧困や格差の増大やジェンダー問題などとともに，治安，経済，健康，幸福感などではかられるであろう“安全・安心”とそれを担保できる社会の実現に対して，少なからず負の影響をもたらしていると判断される。本章は，日常生活を取り巻く多様なリスクが増大するなかで，暮らしやすい社会の実現に向けた取り組みに関する研究の成果や事例を紹介する。

4.1 節では，個人や社会の選好性を評価するために，意思決定の過程とそこに影響を及ぼす因子に関する考え方を紹介する。自身の行動がもたらす結果が確実ではない，とりわけ 1 回限り生じる状況での意思決定を扱う新たな理論を事例とともに紹介しながら，人々はいかに意思決定するのか，すなわちリスク共生の基盤となる考え方を述べる。

4.2 節では，貧困やジェンダー問題の解決を急ぐ南米パラグアイにおける研究や社会連携を通して，女性のエンパワーメントすなわち人々に夢や希望を与えて本来持っている能力や生きる力を引き出すための取り組み，そして多様なリスクをもたらす要因として指摘されている格差や貧困を解消するための効果的な取り組みについて，現地の社会と連携した活動とそこで得られた社会開発のための成果を紹介する。

4.3 節では，ソーシャルキャピタルの醸成に向けて，“関係性の希薄化”を高次の社会リスクと捉え，人・もの・情報の関係性を育むための居住モデルに関する研究と成果を紹介する。東京，横浜，リオデジャネイロの街区に焦点をあて，関係性を育む空間と場という空間概念を導入して次世代居住モデルを提案する。

4.1　リスクや不確実性下での人々の意思決定

自分の行動のもたらす結果が，確実ではないことは，経済や社会において頻繁に生じる。このような状況下で，どのように人々が意思決定するのかについて，伝統的には確率分布を想定した取り扱いを行ってきた。しかし，確率分布が既知である状況は非常に限定的であり，とりわけ1回限り生じる状況においては適切ではない。このような1回限りの意思決定を扱う新たな理論が，ワン・ショット意思決定理論（one-shot decision theory）である。この理論は，現実のさまざまな問題へ応用可能であり，人々の極端に慎重な選択など，伝統的な理論では説明困難な現象を説明可能である。ワン・ショット意思決定理論は，リスクコミュニケーションなど多くの分野においてリスク共生学とリスク共生社会への基礎を提供するものである。

4.1.1　研究の背景と社会的意義

前述したように，自分の行動のもたらす結果が確実ではないことは，経済や社会において頻繁に生じる。例えば，ある人が株に投資したときにどれだけ儲かるかは事前には確実にはわからない。また，企業が市場に投入した新製品がどのようなどれだけの売り上げとなるのかも事前には確実ではない。経済学や経営学では，このような結果が確実にわからない状況で，どのような行動を選択するのかについては，多くの研究が行われてきた。

筆者が所属する「グローバル経済社会のリスク」研究ユニットでは，リスクや不確実性下の行動に関する基礎理論である決定理論，現実の経済社会のリスクに関連する実証研究，市場や制度の設計などの幅広い分野の研究を行っている。具体的には，人々が不確実性やリスクのもとでの1回限りの選択をどのように行うのかを扱うワン・ショット意思決定理論，リストに基づく意思決定理論，社会全体の意思決定を扱う社会的選択理論，社会の所得分配と犯罪リスク，電力市場の自由化と価格変動リスク，期限がある状況下での複数主体によるサーチ問題など，社会におけるリスク・不確実性に関する研究，さらには社会全体の意思決定の研究などを行っている。これらの研究については，*Eur. J. Oper. Res., Games Econom. Behav.* などの国際学術雑誌に論文として刊行され，またGoogle Scholarのdecision sciencesの引用ランキングにおいて，ユニットに所属する郭沛俊が29位に入るなど，社会科学系における不確実性・リスク研究の世界的な研究拠点として機能している。ここでは，紙幅の制約もあり，そのうちワン・ショット意思決定理論に関する研究について紹介する。

4.1.2 リスク・不確実性と意思決定

結果が事前にはわからないという状況は，経済社会では頻繁に生じる。このような状況を“広義の不確実性”とよぶ。しかし，結果が事前にわからないという状況には，いくつかの異なったタイプが考えられる。

例えば，ゆがみがないコインを投げて表が出れば勝ちで1万円をもらい，裏が出れば負けで1万円払うという賭けを考えよう。この賭けを多数回繰り返した場合，1万円をもらう回数の賭けの回数全体に占める割合（相対的頻度）は2分の1，1万円払う回数の占める割合は2分の1に近づいていく。この賭けに勝つ確率を尋ねられれば，すべての人が2分の1と答えるだろう。このような状況では，結果が事前には確実にはわからないが，結果が生じる確率はわかっている。

これに対して，次の米国大統領選挙でトランプ現大統領が再選される確率はいくらかという質問に対して，あなたはどう答えるだろうか。そもそもトランプ大統領の再選の選挙は1回限りのものであり，相対頻度の極限としての確率は存在しない。この質問における“確率”は，ある出来事が発生する確からしさに関しての個人の信念の度合いであり，主観的な確率とよばれるものである。この質問に対して，0.5や0.2という1つの数値で回答する人もいるだろう。しかし，0.1～0.2の間である，というように1つの数値に限定して回答できない人もいるだろうし，まったくわからないと回答する人もいるだろう。

以上の例からわかるように，結果が事前に確実にはわからない“広義の不確実性”は，大きく3つに分類することができる。1つ目は，生じる結果の確率分布がわかる状況であり，“リスク（risk）”とよばれる。2つ目は，生じる結果の確率分布が完全にはわからない状況であり，“ナイトの不確実性（Knightian uncertainty）”“曖昧性（ambiguity）”とよばれる。3つ目は，どのような結果が生じるのかについてまったく知識がない状況であり“無知（ignorance）”とよばれる。このうち，確率分布が既知であるリスクは分析が相対的に容易であり，古くからさまざまの研究が行われている。経済学・経営学のみならず多くの自然科学・工学分野においても，もっぱら広義の不確実性はリスクとみなして取り扱いがなされてきた。

しかし，確率分布が既知である状況は非常に限定的である。結果が確実にはわからない状況であっても，同じ状況が繰り返し生じるのであれば，(客観的な) 確率分布を知ることができる。しかしながら，1回限り生じる状況においては，客観的な確率分布を知ることはできず，主観的な確率分布でさえも1つに定めることは困難である。このような1回限りの意思決定のために，郭によって提案された理論が“ワン・ショット意思決定理論（one-shot decision theory)”である[1,2]。多くの意思決定理論は，広義の不確実性下での意思決定を“くじ”の選択としてみなして分析している。それに対して，ワン・ショット意思決定理論は，“シナリオ”に基づく選択として意思決定を分析する新たな意思決定理論である。以下では，なるべく数学的な詳細には触れずに，ワン・ショット意思決定理論の基本的な考え方とそのリスク共生学における位置づけと貢献について，説明することにしよう。

4.1.3 ワン・ショット意思決定理論

a. 基本的設定

いまある意思決定主体（企業や人など）が，行動の選択肢の集合 A の中から行動 a を選択する。選択した行動がどのような結果をもたらすのかは，選択する a のみでなく，意思決定主体がコントロールできず，どの状態が生起するのかは事前にはわからない自然の状態（state of nature）$x \in S$ にも依存する。ここで，S は有限集合（finite set）であり，$S \equiv \{x_1, x_2, \cdots\cdots, x_n\}$ としよう。結果の集合を Z とし，$f: A \times S \to Z$ によって，行動と自然の状態に依存して結果が決定される。結果の主体にとっての好ましさは，利得関数 $u: Z \to [0, 1]$ によって与えられる。すなわち，利得は0と1の間の値をとるように規準化されている。以下，記号を簡単にするため，$u(f(\mathrm{a}, x))$ を $u(\mathrm{a}, x)$ と表記する。

b. 可能性

さて，選択の結果は自然の状態にも依存するが，どの状態が生じるのかはわからない不確実性が存在する。ワン・ショット意思決定理論では，可能性理論を用いて不確実性を扱う。可能性理論は，確率論によらないフレームワークによって不確実性を扱う数学的理論であり，Zadeh[3]によって提案されたものである*1。可

＊1 可能性理論は不確実性を扱うツールとして，人工知能，コンピュータサイエンスの分野で，盛んに用いられるようになっている。可能性理論自体のコンパクトな説明としては文献4)，経済学分野のShackle[5]による確率によらない不確実性の取り扱いは，実質的には可能性理論に関する先駆的研究であった。

能性理論では，不確実性を表現するために。確率論のように確率という1つの数値を用いるのではなく，可能性（possibility）と必然性（necessity）という2つの数値を用いる。

可能性とは，ある事象が起こることが可能であるかについての主観的な判断を数値で表したものである。可能性は，形式的には以下のように定義される。

【定義】関数π：$S \to [0, 1]$ がS上での最大値が1であるとき，πをS上の可能性分布であるという。$\pi(x)$ はxの可能性である。

$\pi(x) = 1$であるとは，xが生じることは正常（normal）であることを意味し，$\pi(x) = 0$であるとは，xが生じることは異常（abnormal）であることを意味している。

Sの部分集合Aに対して，Aの可能性は$\pi(A) = \max_{x \in A} \pi(x)$ で与えられる。以下では直接は扱わないが，可能性の性質として，Sの部分集合A，Bに対し，次式が成立していることに注意が必要である。ここで，$\max(X, Y)$はXとYの大きいほうの値である。

$$\pi(A \cup B) = \max(\pi(A), \pi(B))$$

また，Aの必然性は次式によって定義される。

$$n(A) \equiv 1 - \pi(A^c)$$

$\pi(A) < 1$であれば$n(A) = 0$であるので，$1 \geqq \pi(A) \geqq n(A) \geqq 0$が必ず成立している。$n(A) = 1$であれば$\pi(A) = 1$であり，$A$は確実に生じる。$\pi(A) = 0$であれば$n(A) = 0$であり，$A$は不可能である。$\pi(A) = 1$であれば$A$は可能であり$A$が生じても驚きではないが，$n(A)$ について制約は課されない。$n(A) = 0$であればAは必然ではなく，Aが生じなくても驚きではないが，$\pi(A)$ について制約は課されない。

ここで，可能性と確率との関連について述べておく。可能性分布が与えられると，$\pi \geqq p \geqq n$を満たす確率分布p（の集合）を作成することができる。すなわち，可能性と必然性は，確率を一意に定める十分な情報が存在しないときに確率が含まれる範囲を与えるものであり，“曖昧な確率（ill-defined probability）”と解釈することができる。1回限りの意思決定の問題においては，確率分布を特定するために必要となる十分な情報が存在しないと考えられるため，（主観的）確率分布ではなく，“曖昧な確率”である可能性分布を用いることがより適切である[*2]。

具体的な問題において，可能性分布をどのようにして決定するのかは重要である。比較的簡便な方法としては，専門家の集団に自然の状態 $x_1, x_2, \cdots\cdots, x_n$ のうち，どれが起きるのかに質問をし，$x_1, x_2, \cdots\cdots, x_n$ が生じると回答した者がそれぞれ，$K_1, K_2, \cdots\cdots, K_n$ 人であれば，$K_1, K_2, \cdots\cdots, K_n$ の最大値を K とおき，次式によって可能性分布を与える方法がある。

$$\pi(x_i) = K_i / K \qquad i = 1, 2, \cdots\cdots, n$$

c. どのようにして意思決定を行うのか？

前述したように，ここでの意思決定の問題は，行動の選択肢の集合 A，自然の状態の集合 S，S 上の可能性分布 π，利得関数 u によって記述できる。この問題を（A，S, π，u）とまとめて表すことにする。必要な準備がすべて整ったので，ワン・ショット意思決定理論による行動の選択を説明することにしよう。

（i） シナリオベースの意思決定　意思決定主体が行動を選択すると，どのような自然の状態が生じるかによって，異なる結果が生じる。伝統的な意思決定理論では，これをくじ（lottery）とみなして，くじの選択として分析を行う。行動 a′ を選んだときには，状態 $x_1, x_2, \cdots\cdots, x_n$ のどれが生じるのかに応じてそれぞれ $f(\mathrm{a}', x_1), f(\mathrm{a}', x_2), \cdots\cdots, f(\mathrm{a}', x_n)$ がもたらされることになり，これをくじとみなすことができる。別の行動 a″ を選んだときには，$f(\mathrm{a}'', x_1), f(\mathrm{a}'', x_2), \cdots\cdots, f(\mathrm{a}'', x_n)$ の結果がもたらす別のくじとなる。行動の違いは異なったくじであると考えることができ，意思決定をくじの選択とみなすことができる。期待効用理論では，行動の選択とは，くじが各状態においてもたらす結果（に利得関数が与える値）を確率で加重したうえで足し合わせて比較して，くじを選択することに帰着する。このような不確実性下の意思決定をくじの選択とみなしたかたちで意思決定を分析する理論を，くじに基づいた決定理論（lottery based decision theory）という。

これに対して，ワン・ショット意思決定理論は，以下のような意味でシナリオに基づいた決定理論（scenario based decision theory）である。意思決定主体は，各選択肢に対して，考慮の対象とする自然の状態を定める。このような各選択肢に対して，考慮の対処とするために定めた自然の状態をフォーカスポイント（focus point）とよぶ。各選択肢に対して，どの状態をフォーカスポイントとし

＊2　確率と可能性の詳しい関連については，文献 4）に詳しい紹介がある。

て定めるのかについては，利得，状態の可能性，さらには意思決定者の不確実性に対する態度に依存している。フォーカスポイントの決定方法については後述するが，行動の各選択肢aに対してフォーカスポイント $\bar{x}(\mathrm{a})$ が定まったとしよう。意思決定者は，行動の選択肢のフォーカスポイントである状態下の利得を評価し，利得を最大化する選択肢を選ぶ。すなわち，各意思決定主体が選択する行動 a^* は，次式によって与えられる。

$\mathrm{a}^* = A$ に含まれるaの中で $u(\mathrm{a}, \bar{x}(\mathrm{a}))$ を最大にするもの

意思決定主体は，行動選択の際に，行動の各選択肢について，フォーカスポイントである状態を想定してシナリオを策定し，シナリオがもたらす結果に基づいて行動を決定していることになる[*3]。

(ii)　フォーカスポイントの決定　このような意思決定に関して決定的に重要であるのは，各行動に対するフォーカスポイントとなる状態をどのように決定するかである。フォーカスポイントの決定については，郭の一連の研究において，多くの方法が提示されている[*4]。ここでは，直感的に理解しやすい2つの方法について紹介する[*5]。

(1) タイプA：　各行動に対して，なるべく可能性がより高くかつ利得もより高い状態を探し出し，フォーカスポイントとして選択する。$\min(X, Y)$ を X と Y の小さいほうの値であるとしたとき，$\min(\pi(x), u(\mathrm{a}, x))$ の値を増加させれば，$\pi(x)$ と $u(\mathrm{a}, x)$ の値をともに増加させることができる。よって，行動の選択肢である各aに対して，$\min(\pi(x), u(\mathrm{a}, x))$ を最大にする x をフォーカスポイントとして定めることになる。すなわち，この場合のフォーカスポイント $x^*_{\mathrm{A}}(\mathrm{a})$ は，次式によって与えられる。

$x^*_{\mathrm{A}}(\mathrm{a}) = S$ に含まれる x の中で $\min(\pi(x), u(\mathrm{a}, x))$ を最大にするもの

言い換えると，意思決定主体は，行動の各選択肢に対して，もっともらしくかつ利得が高い状態をフォーカスポイントとして選択している。

＊3　Shackle[5] はシナリオベースの意思決定理論の最初の系統的研究でもある。シナリオベースの意思決定理論は，現実の問題の対応としては広く用いられているにもかかわらず，その基礎づけについてのその後の理論的研究は，郭による一連の研究以外ほとんど存在しない。例外としては，Rostek[6] が存在する。

＊4　郭[1,7]らでは，タイプA, Pも含め，12のフォーカスポイントの決定方式があげられている。

＊5　タイプA，Pの決定において，可能性 π と利得 u が比較されている．詳細な説明は省くが，これが意味をもつためには，可能性と利得が同一の基準ではかることができる(commensurable) ように適切な形での利得の規準化がなされる必要がある。

(2) タイプP：　各行動に対して，可能性がより高くかつ利得がより低い状態を探し出し，フォーカスポイントとして選択する。$\max(1-\pi(x), u(\mathrm{a}, x))$ の値を減少させれば，$\pi(x)$ を増加させ，$u(\mathrm{a}, x)$ の値を減少させることができる。よって，行動の選択肢である各 a に対して，$\max(1-\pi(x), u(\mathrm{a}, x))$ を最小にする x をフォーカスポイントとして定めることになる。すなわち，この場合のフォーカスポイント $x_{\mathrm{P}}^{*}(\mathrm{a})$ は，

$x_{\mathrm{P}}^{*}(\mathrm{a}) = S$ に含まれる x の中で $\max(1-\pi(x), \mathrm{u}(\mathrm{a}, x))$ を最小にするもの

によって与えられる。言い換えると，意思決定主体は，行動の各選択肢に対して，もっともらしくかつ利得が低い状態をフォーカスポイントとして選択している。

以下の(iii)項で説明するように，タイプAは積極的あるいは楽観的な行動の決定，タイプPは消極的あるいは悲観的な行動の決定をもたらすであると考えることができる[*6]。

(iii)　行動の決定　各行動に対するフォーカスポイントとなる状態が決定されると，それに基づいて，意思決定者は行動を決定する。

(1) タイプA：　各意思決定主体が選択する行動 $\mathrm{a}_{\mathrm{A}}^{*}$ は，

$\mathrm{a}_{\mathrm{A}}^{*} = \mathrm{A}$ に含まれる a の中で $u(\mathrm{a}, x_{\mathrm{A}}^{*}(\mathrm{a}))$ を最大にするもの

によって与えられる。意思決定主体は，行動の各選択肢に対して，もっともらしくかつ利得が低い状態を想定して利得を求め，最も利得が高くなる行動を選択する。各行動の選択肢に対して，可能性が高くかつ利得が大きい状態を考慮する一方で，利得が低い状態が生じる可能性を考慮していないという意味で，積極的あるいは楽観的な意思決定を行っている。

(2) タイプP：　各意思決定主体が選択する行動 $\mathrm{a}_{\mathrm{P}}^{*}$ は，

$\mathrm{a}_{\mathrm{P}}^{*} = \mathrm{A}$ に含まれる a の中で $u(\mathrm{a}, x_{\mathrm{P}}^{*}(\mathrm{a}))$ を最大にするもの

によって与えられる。意思決定主体は，行動の各選択肢に対して，もっともらしくかつ利得が低い状態を想定して利得を求め，最も利得が高くなる行動を選択する。各行動の選択肢に対して，もっともらしくかつ利得が小さな状態を考慮する一方で，利得が高い状態が生じる可能性を考慮していないという意味で，消極的あるいは悲観的な意思決定を行っている。

＊6　説明の簡単化のため，各行動 a に対してフォーカスポイントの選択問題の解は一意に定まると仮定して議論を進める。

ここであげた2つのうちどちらを採用するかは，一般的には意思決定者の選択による。しかしながら，確率分布が明確にはわからない1回限りの意思決定においては，タイプAとタイプPを比較すると，タイプPのほうがより自然であると考えられる。

タイプPの基準は，確率分布がわからない不確実性下の意思決定においては，“最悪の結果がいちばん良いものを選択する”というよく知られたWaldの基準[8]の一般化である。Waldの基準は，各行動の選択肢に対して，可能性がきわめて低いものも含めたすべての状態の中で最も利得が小さい自然の状態をフォーカスポイントとして選択することに帰着する。タイプPでは，各行動に対して，すべての自然の状態ではなく，“可能性が小さい”ものを除いた自然の状態の中で最悪の結果を考え，それがいちばん良い行動を選択するというきわめて自然な発想に基づいている。ただし，どのような自然の状態を可能性が小さいとするのかは，各状態の可能性や利得との関連で内生的に決まることに注意が必要である[*7]。

(iv) 数値例 以上をまとめると，ワン・ショット意思決定理論における意思決定は，次の2ステップで行われる。

ステップ1： 行動の各選択肢に対して，フォーカスポイントを決定する。
ステップ2： 行動の各選択肢のフォーカスポイントにおける利得を比較し，行動を決定する。

数値例によって，意思決定がどのように行われるかをみることにしよう。

例：オムレツと卵[*8]

オムレツをつくるために，新鮮な5個の卵がフライパンに入っている。しかし，6個目の卵は新鮮か，腐っているかどちらかであるが，確実にはわからない。いま，6個目の卵が新鮮であることを状態 G，腐っていることを状態 R とする。ここで，G の可能性は1，R の可能性は0.3であるとする。6個目の卵の取り扱

＊7 なお，類似はしているが異なる行動選択の基準として，Dubois ら[9]による楽観的効用（optimistic utility），悲観的効用（pessimistic utility）がある。ここでの記号を用いれば，楽観的効用は $\min(\pi(x_A^*(a)), u(a, x_A^*(a)))$ を最大にするaを選択すること，悲観的効用は $\max(1-\pi(x_P^*(a)), u(a, x_P^*(a)))$ を最大にする選択に対応する。

＊8 この例は，Dubois ら[9]の例の数値などを変更したものである。

いについては，割られた5個の卵が入っているフライパンに直接割って入れる［F］，別のカップに割って入れる（新鮮であればフライパンに加え，腐っていれば捨てる）［C］，捨てる［T］の3つの選択肢がある。各選択肢の各状況における利得は，次のように与えられている。

$u(\mathrm{F}, G) = 0.9$　卵6個のオムレツを食べることができ，カップを洗う手間もかからない

$u(\mathrm{F}, R) = 0$　腐った卵を入れてしまったため，オムレツが食べられない

$u(\mathrm{C}, G) = 0.8$　卵6個のオムレツを食べることができるが，カップを洗う追加的な手間がかかる

$u(\mathrm{C}, R) = 0.4$　卵5個のオムレツを食べることができるが，カップを洗う追加的な手間がかかる

$u(\mathrm{T}, G) = 0.2$　卵5個のオムレツを食べることができるが，明日食べることができる新鮮な卵をむだにしてしまう

$u(\mathrm{T}, R) = 0.6$　卵5個のオムレツを食べることができ，カップを洗う手間がかからない

(1) タイプAの行動の決定

ステップ1：

Fのフォーカスポイント

Gの $\min(1, 0.9) = 0.9 > R$ の $\min(0.3, 0) = 0.3$ であるので，$x^*_{\mathrm{A}}(\mathrm{F}) = G$

Cのフォーカスポイント

Gの $\min(1, 0.8) = 0.8 > R$ の $\min(0.3, 0.4) = 0.3$ であるので，$x^*_{\mathrm{A}}(\mathrm{C}) = G$

Tのフォーカスポイント

Gの $\min(1, 0.2) = 0.2 < R$ の $\min(0.3, 0.6) = 0.3$ であるので，$x^*_{\mathrm{A}}(\mathrm{T}) = R$

ステップ2：

$u(\mathrm{F}, G) = 0.9$，$u(\mathrm{C}, G) = 0.8$，$u(\mathrm{T}, R) = 0.6$ より，$\mathrm{a}^*_{\mathrm{A}} = \mathrm{F}$

(2) タイプPの行動の決定

ステップ1：

Fのフォーカスポイント

Gの $\max(0, 0.9) = 0.9 > R$ の $\max(0.7, 0) = 0.7$ であるので，$x^*_{\mathrm{P}}(\mathrm{F}) = R$

Cのフォーカスポイント

Gの $\max(0, 0.8) = 0.8 > R$ の $\max(0.7, 0.4) = 0.7$ であるので，$x^*_{\mathrm{P}}(\mathrm{C}) = R$

Tのフォーカスポイント

Gの $\max(0, 0.2) = 0.2 < R$の $\max(0.7, 0.6) = 0.7$ であるので，$x_{\mathrm{A}}^{*}(\mathrm{T}) = G$

ステップ2：

$u(\mathrm{F}, R) = 0$，$u(\mathrm{C}, R) = 0.4$，$u(\mathrm{T}, G) = 0.2$ より，$\mathrm{a}_{\mathrm{P}}^{*} = \mathrm{C}$

タイプAが卵を直接フライパンに割り入れることを選択するのに対し，タイプPは卵を別のカップに割り入れるという，より慎重な選択をしている。タイプPがこのような慎重な行動をとるのは，行動FおよびCに対して低い利得となる状態Rをフォーカスポイントとして定めているからである。タイプPにおいて，行動FとCにおいて状態Rがフォーカスポイントとなるのは，状態Rの可能性と状態Gにおける利得との相対関係によることに注意してほしい。“1－状態Rの可能性”が“状態Gの利得”を下回っているので，状態Rがフォーカスポイントとして選択される。状態Rの可能性が同じであって，行動Fの状態Gにおける利得が0.7未満であれば，状態RはFのフォーカスポイントとして選ばれず，行動Fの選択の際に，状態Rは考慮されないことになる。行動Cについても同様である。

d．経済社会の諸問題とワン・ショット意思決定理論

ワン・ショット意思決定理論は，リスク共生社会を構築するうえで不可欠なリスク・不確実性下での選択・決定に関する基礎理論の研究である。

ワン・ショット意思決定理論によって説明できる現象は多いが，一例として，人々の極端に慎重な行動に対する説明を取り上げよう。

専門家が非常に小さな危険性しかもたないと考えていることを，一般の人々が回避しようとすることは，しばしば観察される。例えば，福島原発事故後，多くの専門家が危険性はほとんどないと判断しているにもかかわらず，福島産の農産物の購入を避けようとした人がかなりいたことは記憶に新しい。

Waldの基準によればこのような選択を説明することができるが，Waldの基準は非常に極端な選択基準であり，人々の意思決定を適切に説明できるかについては疑問視されている。ワン・ショット意思決定理論では，消極的・悲観的なタイプPの決定をする意思決定主体を考えれば，このような極端に慎重な行動をとる場合があることが説明できる。

以下の単純な数値例で説明しよう。

例：有害物質と食品

ある外国から輸入した食品にある食品添加物が含まれていることが明らかとなり，今まで食品に含まれたことがない物質であり，ほぼ確実に健康を害し，長期的には死にいたる可能性もあると海外で報道された。これに対して，国内のすべての専門家は有害ではないと判断しているが，一般の人々は完全には納得せず，ごく小さな可能性で有害であるかもしれないと考えている。無害であることを状態 G，有害であることを状態 H とする。ここで，G の可能性は 1，H の可能性は非常に小さく 0.0001 であるとする。

政府の対策としては国内流通をそのまま認める（A），特殊な措置を行って添加物を除去する（R）の 2 つの選択肢がある。各選択肢の各状況に対する消費者の利得は，次のように与えられている。意思決定主体はタイプ P であるとする。消費者の選択に基づいて，政府は対策を行う。

$u(\mathrm{A}, G) = 0.999\,99$　健康に害がない食品を安い価格で手に入れる

$u(\mathrm{A}, H) = 0.2$　有害な物質をそのまま消費し，長期的には死にいたる可能性がある

$u(\mathrm{R}, G) = 0.8$　健康に害はないが，有害な物質を除去するための費用がかかり，価格が大幅に上昇

$u(\mathrm{R}, H) = 0.8$　健康に害はないが，有害な物質を除去するための費用がかかり，価格が大幅に上昇

ステップ 1：

A のフォーカスポイント

G の $\max(0, 0.999\,99) = 0.999\,99 > H$ の $\max(0.9999, 0.2) = 0.9999$ であるので，$x_{\mathrm{P}}^{*}(\mathrm{A}) = H$

R のフォーカスポイント

G の $\max(0, 0.4) = 0.4 < H$ の $\max(0.9999, 0.4) = 0.9999$ であるので，$x_{\mathrm{P}}^{*}(\mathrm{R}) = G$

ステップ 2：

$u(\mathrm{A}, H) = 0.2$，$u(\mathrm{R}, G) = 0.8$ より，$\mathrm{a}_{\mathrm{P}}^{*} = \mathrm{R}$

問題の添加物が有害である可能性は非常に低いにもかかわらず，コストをかけ

て食品添加物を除去する対策が選択されることになる。

タイプPの意思決定者は，Aを選択した場合において，高い可能性があるGの下での大きな利得によって，非常に低い可能性でしか生じないHの下での低い利得を“埋め合わせる”ことができないため，Rを選択する。タイプPの意思決定者であっても，このような極端に慎重な選択がなされる状況は実は限られている。状態の数が少なく（典型的には2），かつAのような“慎重ではない”選択の良い状態における利得が非常に高い場合である。このような場合には，Aのような選択において良い状態での利得が非常に高いために，非常に小さな可能性しかない悪い状態であるHがフォーカスポイントとなってしまうからである[*9]。

利得は0と1の間に規準化しているので，良い状態の利得が非常に高いということは，良い状態と悪い状態の間に大きな差があることを意味している。例えば，生死に関する違いの場合はこのような状況に対応している。非常に小さな可能性しかない状況を回避するという極端に慎重な選択が観察されるのは，多くの場合過去に直面したことがなく，かつ生死などの関わる問題であり，さらに人々が起こり得る状態が極端な2つの状況であるとみなしている場合が多い。これは，ワン・ショット意思決定理論による極端に慎重な選択の説明が，一定程度の妥当性をもつことを示唆していると考えられる。

現在，ワン・ショット意思決定理論は，さまざまな分野への応用と拡張が行われている。まず，寡占下での投資決定，仕入れと在庫管理の問題，不動産開発などの経済経営のいくつかの分野について応用がなされた[7,10,11)]。これらの問題では，需要に関して不確実性の存在を想定して，不確実性の変化が企業などの決定にどのような影響を及ぼすのかを分析している。また，現実の経済経営の意思決定においては，直接的な利得（のみ）ではなく，事後的にみた正しい意思決定のもたらす利得と選択した結果のもたらす利得の差であるリグレットを考慮して決定を行う場合も多く，直接的な利得ではなくリグレットを目的関数とする拡張も行っている[2)]。

多くの経済・経営の問題は，時間を通じていくつかの時点において意思決定を

＊9　Duboisら[9)]の悲観的効用は，一般に慎重な意思決定をもたらすが，このような極端に慎重な意思決定は説明できないことに注意が必要である。悲観的効用の意思決定では，$u(\mathrm{A}, H) = 0.2$と$u(\mathrm{R}, H) = 0.8$の比較ではなく，$\max(1 - 0.0001, u(\mathrm{A}, H)) = 0.9999$と$\max(0, u(\mathrm{R}, H)) = 0.8$の比較によって行動が決定され，Aが選択されることになる。

行う動学的な問題であることも多い。代表的な例として，家計の消費と投資の最適決定の問題，企業の設備投資の問題などがある。このような動学的な意思決定の問題を扱うために，多段階のワン・ショット意思決定理論を定式化し，動的計画法（dynamic programming）の手法を用いて解法を提示している[12]。

さらに重要な拡張としては，ワン・ショット意思決定理論の考え方を，複数の意思決定者が存在する状況下の意思決定に拡張したワン・ショットゲーム理論（one-shot game theory）がある。ワン・ショットゲーム理論では，各意思決定者は，ほかの意思決定者の行動の選択を不確実性として捉えて，ワン・ショット意思決定理論による行動の選択を行う。その応用として，ファーストプライス封印オークション（first price sealed bid auction）における入札行動の分析を行っている。各入札者の利得として，オークションによる直接の利益に加えて，入札成功時・失敗時のリグレットにも依存する利得を考え，入札者が前述したタイプPの基準で入札額を決定するとして分析を行った。その結果，均衡入札価格よりも高い額を入札する過大入札（over bidding）が生じることが示された[13]。これらは，オークションの実験ではしばしば観察されるが，通常の理論では説明が困難な現象であり，オークションの分野におけるワン・ショット意思決定理論の貢献である。

4.1.4 リスク共生社会への展望

リスク共生社会においては，人々がさまざまなリスク・不確実性とそれらに伴う便益とを比較したうえで，適切なリスク・不確実性を選択することが要求される。そのためには，人々がリスクや不確実性下でどのような選択を行うかについての適切な理論が不可欠である。

伝統的な確率と期待効用に基づく理論は，しばしば人々の実際の選択を説明できないことは現在では広く知られている。このため，リスクや不確実性下での行動・決定を扱うさまざまな研究が，経済学，数学，統計学，心理学，経営科学，コンピュータサイエンスなどのさまざま分野で進行中である。ワン・ショット意思決定理論を含むこれらの研究にはさまざまな違いがあるが，共通している点は，一意的な確率分布に基づいて人々が意思決定を行うという想定では，人々の行動・選択を説明できない場合があるという認識である。伝統的なリスクの取り扱いは，大きな変革を迫られているといって過言ではない。

リスクの取り扱いの変革・修正については，さまざまな分野・対象が考えられるが，ここではリスクコミュニケーションについて指摘しておくことにしよう。

リスク共生社会においては，人々に適切なリスク・不確実性を選択させるために，リスクコミュニケーションが重要となる。ほとんどすべてのリスクコミュニケーション活動において，リスクを表現するのに確率概念が用いられ，選択肢のリスクが確率で示されている。ここでは，人々が伝統的な一意の確率分布と期待効用に従って選択を行うことが暗黙の前提とされ，確率に関しての情報を適切に与えることにより，人々が適切な選択を行うと考えられている。しかし，誰でも同意するような一意的な確率分布が存在しない場合，確率を想定して行動を選択していない場合には，そもそも確率を提示すること自体が適切でない可能性がある。ワン・ショット意思決定理論を含む決定理論の最新の成果をリスクコミュニケーションに反映させることは，リスク共生社会の実現のためにきわめて重要である。

引用文献

1) Guo, P.: IEEE *Trans. Syst., Man Cybern.-Part A: Systems and Humans*, **41**(5), 917(2011).
2) Guo, P.: “Human-Centric Decision-Making Models for Social Sciences”, (Guo, P., Pedrycz, W., eds.), pp.33-55, Springer(2014).
3) Zadeh, L.: *Fuzzy Sets Syst.*, **1**, 3(1978).
4) Dubois, D., Pradea, H.: “Springer Handbook of Computational Intelligence” (Kacprzyk, J., Pedrycz, W., eds.), pp.31-60, Springer(2015).
5) Shackle, G. L. S.: “Decision, Order and Time in Human Affairs, 2nd Ed.”, Cambridge University Press(1961).
6) Rostek, M.: *Rev. Econo. Stud.*, **77**, 339(2010).
7) Guo, P.: *Int. J. Inf. Decis. Sci.*, **2**(3), 213(2011).
8) Wald, A.: *Ann. Math.*, **46**(2), 265(1945).
9) Dubois, D., Pradea, H., Sabbadin, R.: *Eur. J. Oper. Res.*, **128**, 459(2001).
10) Guo, P.: *Int. Real Estate Rev.*, **13**(3), 238(2010).
11) Guo, P., Ma, X,: *Eur. J. Oper. Res.*, **239**(2), 523(2014).
12) Guo, P., Li, Y.: *Eur. J. Oper. Res.*, **236**(2), 612(2014).
13) Wang, C., Guo, P.: *Eur. J. Oper. Res.*, **261**(3), 994(2017).

4.2　ジェンダーや貧困の“リスク”に立ち向かう地域社会の創造：パラグアイの農村と都市スラムの研究実践からみえるもの

筆者が所属する中南米開発政策ユニットは，“女性のエンパワーメント”や“連帯経済・BOP（base of the pyramid）ビジネス，持続可能なコミュニティ”“利便性・持続性・連帯協力”，そして暮らしやすい社会の実現などを目指して研究実践活動を行っている。活動対象国は，南米のブラジル・パラグアイ・コロンビア・エクアドル，中米のニカラグア，そしてメキシコであり，大学間学術交流協定を土台とし，都市と農村における開発政策研究も行っている。横浜国立大学のみならず中南米に散らばるメンバーも含めると20名以上が研究教育実践活動を展開しており，それぞれの学問領域は文化人類学・開発人類学・国際開発学・社会基盤学・政治学，教育学，歴史学，ジェンダーと開発学，地域研究など多岐にわたる。

本節では，女性のエンパワーメントや持続可能なコミュニティの再構築に向け，複眼的な視点から開発実践を行っている南米パラグアイ共和国の“農村女性の生活改善プロジェクト”[*10]（図4･1）と“都市スラム‘カテウラ’の生活改善プロジェクト”を事例として取り上げる（図4･2）。後述するようにカテウラは，パラグアイの首都アスンシオンのごみ集積地となっている地域である。

社会科学におけるリスクには，しばしば社会的・文化的・歴史的に構築されてきた規範や伝統的な側面を伴う。ある人にとってはリスクや脅威であり，ある人にとってはしばしば，必要“悪”であったりする。すなわち，ある人にとってはなくてはならないものであり，“搾取”などを通じ，優位性を保持する社会的装置となることもある。これらはコインの裏表の関係にあり，その状況があることで社会が“回る”という性質を，好む好まざるにかかわらず有する。行き過ぎた資本主義が生み出した構造的暴力の底辺にいる人々がいることで成り立つ社会が多く存在する。本節で論じるジェンダー問題や都市スラムの問題もその一つである。本節は，このような行き過ぎた資本主義により生み出される構造的暴力の解決に向け，住民のエンパワーメントのために大学ができること，大学の社会的役

＊10　横浜国立大学が実施している“JICA草の根技術協力プロジェクト：パラグアイ農村女性の生活改善プロジェクト”の詳細は，文献1）やホームページ（http://paraguay-mujer.com/）を参照されたい。

(a)　(b)

図 4･1　生活改善プロジェクト：農村女性（a）と都市スラム（b）

(a)　(b)

図 4･2　都市スラム“カテウラ”のごみの山（a）とヒアリング活動の様子（b）

割について検討する。

ところで，社会的・文化的な要素が多く含まれるジェンダー問題を“リスク”と捉えることに対し異論を唱える人もいるだろう。そこで，ここではジェンダー問題が，社会の多くのリスクを生み出しているという観点から論じることとする。文化的側面を有するジェンダー問題と私たちは時に“共生”しなければならないこともある。そのような視点から本節では“リスク共生とジェンダー”という表記を用いる場合もある。これまでの長い歴史の中で人々のジェンダー観は大きく変化してきた。時には闘争し，時にはともに歩み，時代とともに生まれ変化してきた概念でもあるからである。スラムの問題については，スラムの住民からの主体的な働きかけによりスラムの生活が改善してきた事例は多い。

本節では，経済的に困難な状況にある農村のシングルマザーや都市スラムで生きる若者たちがどのようなリスクに向き合い，それに対し研究者／実践者はどのようなかかわり方ができるのか，また大学や大学と連携した組織*11はどのような社会実装ができるのかを紹介する。結論を先取りすると，本論では，大学の役割は，散逸する知と知をつなぎ，アクターである人々を縦と横に紡ぐ社会的装置をつくることができること[1)]，そのことを通し当該地域の人々がリスクに向き合い，社会変革を起こし得る可能性があることについて論じる。

まず，4.2.1項で，社会科学におけるリスク概念について紹介し，4.2.2項では，本節の目的と研究方法を紹介する。4.2.3項ではパラグアイ概略と同国におけるリスクとしてのジェンダー課題と都市スラム問題について紹介し，4.2.4項では，2種類の生活改善プロジェクト（3つの地域）を概略し，4.2.5項で3つの異なる地域からみえてくる共通項と社会実装の鍵となる大学の役割について分析・考察する。

4.2.1　社会科学におけるリスク概念の捉え方

本項では社会科学におけるリスクと開発にかかる概念整理を行う。

“リスク共生”という単語をCiNii（国立情報学研究所の学術情報データサービス）で検索すると，執筆現在で工学系が2本ヒットするのみである。また，類似概念であるhazard coexistence, risk coexistence, riesgos convivenciaは0件であり，risk managementのような確立したコンセプトはないということがいえるだろう。

“リスク社会”が社会科学の議論にあがってきたのは1980年代であるといわれている。1983年のDouglas, Wildavsky共著による“Risk and Culture”や1986年のU. Beckによる“Risikogesellschaft auf dem Weg in eine andere Moderne”（『危険社会：新しい近代への道』（1998））で論じられたリスク論が転換期であると考えられている。市野澤も“リスク社会”という言葉を一般に広めたのは，U. Beckであると述べる[2)]。Beckによれば，近現代における科学技術の発達と工業化・産業化の進展は，人々を物質的に豊かにする一方で，新たな危険の登場を招いた。それは質的に新しく，しかも巨大で，しばしば対処がきわ

＊11　ここでいう組織とは，横浜国立大学と学術交流協定を締結しているパラグアイNihonGakko大学，アスンシオン国立大学，カアグアス国立大学，都市イノベーション学府/研究院と連携協定を締結している特定非営利活動法人ミタイ・ミタクニャイ子ども基金およびその関連組織を意味する。

めて難しいものであるという。東[2)]の『リスクの人類学―不確実な世界を生きる』(2014)では，これまでの生態人類学，経済人類学，フェミニズム，医療人類学，リスクの文化理論など人類学・社会学・ジェンダー論などで展開されてきた研究を引き継ぎながら，現在の“リスク社会”について国内外の事例を検討している。本書では，リスクを ① 未来，② 不利益（損害），③ 不確実性，④ コントロール（操作・制御），⑤ 意思決定，⑥ 責任，という 6 つの要因すべてを内包すると定義している[2)]。また，“リスクに対応する主体としての私たち”の重要性を指摘している。リスクに向かう主体の再構築が求められているのである。

次に，共生についてみてみる。共生は Symbiosis, Commensa などの生物学上の用語であったが，社会科学における共生という用語の使用も多い。“多文化共生”を例に取ると，竹沢[3)]や山根[4)]は，3 F（Food, Fashion, Festival）などの推進は，文化が“楽しいもの”として提示され，構造的差別を覆い隠す[3)]ものとなり，本来目指すべき“多文化共生”の実現には至っていないと指摘する。社会科学における共生という用語の使用の困難さを考える事例である。

そのような中，松田[5)]は，「リスク共生とは“人間がリスクと共生する”という意味であり，リスクを避け続けるのではなく，リスクがあることを必然の前提として，それとうまく付き合い，むしろ積極的に捉え直した新たな自然観，死生観，社会観を構築する（前掲）ことが必要である」と指摘する。

以上みてきたように社会科学におけるリスク共生は新しい概念である。そこで本項では，“リスク共生社会”を以下のように定義する。ある人にとってはリスク，あるいは脅威であるが，それらのリスクにさらされている当事者が自らの意識や行動変容を学びあいなどを通し起こすことにより，リスクを複眼的に分析し，リスクにしなやかに立ち向かい，社会や構造を根底から変革していく（あるいはしようとする）そのプロセスである。この変革の主体は個人である場合もあるし，グループやコミュニティである場合もある。

4.2.2　研究の目的・方法と社会的意義

a.　目的・研究方法

本研究は，“リスク共生社会”をどのように創造することができるのか，パラグアイ農村部ならびに都市スラムで展開されている生活改善プロジェクトを分析することから明らかにすることを目的とする。

研究方法は，質的調査である。筆者は文化人類学者・開発人類学者・開発実践者として25年にわたりパラグアイで断続的に参与観察やインタビュー調査，半構造化インタビュー，グループディスカッションなどを行うとともに社会開発の実践を行っている。本節ではここで得られたデータを分析対象とする[*12]。なお，パラグアイ農村女性の生活改善プロジェクトの活動はプロジェクトのホームページ (http://paraguay-mujer.com/) やFacebookより，また，都市スラム：カテウラにおける生活改善活動は，特定非営利活動法人のホームページ（http://mitai-mitakunai.com/）などで閲覧可能であることから，調査協力者はアルファベットで示し，個人を特定できないように年代に幅をもたせることとする。また，承諾を得たテキストと写真データのみ本節では使用する。

b. 社会的意義

社会の底辺で生きざるを得ない人はしばしば声をもつことを許されない。また，もったとしてもかき消されてしまう。大学の研究者が，論文を書くのみならず，あらゆる形で社会開発の実践，すなわち社会実装することは一定程度意味があると考える。支援を必要としている人と研究者，政策策定者をつなぎ，知と実践の協働をすることができるからである。この点は25年の実践活動と研究活動を通し身をもって感じてきたことである。つかみどころのない社会のリスクを解決するためには散逸する知と実践をつなぎ，人と人を，組織と組織を縦に横に紡ぐ社会装置をつくることが必要であり，大学はそれができると考える。そしてここで得られた知と実践を社会に還元していくことが必要であると考える。

4.2.3 パラグアイにおける農村のジェンダーと都市スラムの課題

パラグアイは南米大陸の中央南部に位置する人口690万人の小国（日本の国土1.1倍）であるが，近年経済成長が著しく，援助国卒業も間近といわれている。日系企業などの投資も進み2010年には実質GDP成長率（%）が13.1，2013年には14.0を記録している。

パラグアイは農業立国を目指しているが，農村人口は39%（2016年）と減少している。政府の打ち出す貧困削減政策により絶対的貧困状態の住民は減少して

＊12 横浜国立大学XJICA草の根技術協力プロジェクト：パラグアイ農村女性の生活改善プロジェクトの調査期間は以下のとおりである。2015年3月～2018年3月まで，パラグアイの都市スラムでの調査は2011年8月～2018年3月までの断続的な調査である。なお，これらの地域では，筆者は大学教員のみならずプロジェクトマネージャーとして，そして特定非営利活動法人代表理事として社会開発実践に関わっている。

いるものの，農村部の貧困増は33.8%，都市部は17.0%である（EPH[*13], 2013)。貧困を示すジニ係数は52（2014年）ときわめて高く，格差の底辺は農村部と都市スラムに集中している[1]。

ストロエスネル独裁政権時代は，農民が啓蒙され政治に関心をもつことを恐れ，故意にインフラの整備を行わず都市と農村の分断をはかってきた[6,7]が，今日でも農村へ続くテラロッサといわれる未舗装の赤土道が多く残っている（全道路の8割程度が未舗装）のは，汚職の問題も指摘できよう[1]。

a. ジェンダー課題

パラグアイの女性の平均給与は男性の給与の60%である[1,8]。また，貧困の女性化の要因には農村女性や都市スラムの人々に雇用の機会が開かれていないことも大きい[1]。また，パラグアイにはシングルマザー問題が大きな社会問題として認識されている。2011年の女性世帯主世帯の比率は総世帯主の31%であり，1人親世帯のうちの82%が女性である[1]。女性世帯主世帯の貧困度，極貧度は，男性世帯主世帯のそれより相対的に高く，とくに都市部において顕著である[1]。2014年の国勢調査（DGEEC）においても，10世帯中4世帯が女性世帯主世帯であることがわかっている。パラグアイにシングルマザーが多い理由は，三国同盟戦争[*14]とチャコ戦争により成人男性の人口が激減し，男女比率が男性1に対し女性5（1対10という説もある）となったことから，カトリック信者が多い国であるものの，男性は複数の女性と性関係をもつことを社会が許容してきた。すなわち，パラグアイ社会は厳格なカトリックの考え方が浸透しているが，“国力”としての子どもが必要であったため一夫多妻制的家族形態を許容することを非公式に認めてきたのである。ラテンアメリカに特徴的なマチスモ（男性優位）思想と相まって，男性が妊娠した女性を捨てるという事例も多い。

筆者がインタビューをした事例で，マチスモに関連するものを以下に2つ紹介する。1つはカアグアス県の農村である[*15]。

毎年，カアグアス県の農村でフィールド調査に協力いただいているSさん（男

＊13 EPH: Encuesta Permanente de Hogares. 国による世帯調査のこと。

＊14 1864年から70年まで続いたパラグアイとブラジル，アルゼンチン，ウルグアイの三国同盟との間の戦争。

＊15 この事例は，ジョージ・トンプソン 著，藤掛洋子・高橋健二 監修，ハル吉 訳“パラグアイ戦争史：トンプソンが見た三国同盟戦争”（中南米マガジン，2014）で筆者が「あとがき」に記載したものを抜粋した。

性，60代）には85歳（1933年生まれ）の父がおり，その父の父，すなわちSさんの祖父には婚姻関係はなかったが7人の妻のような人が同じ敷地内の家にいたという。85歳のSさんの父は，おそらくチャコ戦争を経験していると思われる。Sさんの父の父，すなわちSさんの祖父と7人の女性との間に子どもが35人おり，その1人がSさんの父である。35人の子どもたちはそれぞれ婚姻あるいは婚姻をせずに子どもを授かり，400人の子どもたちが生まれたという。Sさんの祖父からみると孫が400人いることになる。結婚しているのか，していないのかはわからないとSさんはいうが，単純計算で35人の子どもたちにそれぞれ11人ぐらいの子どもが生まれると，Sさんの祖父からみた孫が400人いるという計算は十分に成り立つ。この祖父は恩給を受けて暮らしていたので生活はそう苦しくないようにみえ，7人の女性たちも食べていけたようである。

この話は，三国同盟戦争後も農村には多くの未婚の母がいたことを示すものではなかろうか。Sさん自身も10人の子ども（男児6名，女児4名）がおり，“女児には教育は不要であると考えていた”。女児たちは全員小学校3年程度で就学を中断し，畑仕事と家事労働を担っている。2013年の調査でSさんは，“女児にも教育が必要だと最近は思うようになったが，貧困であるがゆえ，それは難しい”と語った。

パラグアイは“女性が木から降ってくる（女性が男性に比してたくさんいるという揶揄）”や“女性，とくに既婚女性は子どもがいないとincompleta（インコンプレタ；不完全）”といわれる[9)]。それに未婚の女性の場合は，“子どもがいた方が，独身で子どものいない女性よりも上級に扱われ”ることから，女性は子どもを産むことが役目であり，幸せなのであり，そしてしばしば羨望の対象となってきた[9)]。

もう1つは，15歳の少女が2人の子どもを産み育てている事例である（2016年9月の調査）。この少女は筆者が1994年頃に村で生活改善教室を実施していた際の生徒（現在50代のシングルマザー，子ども10人）の娘である。

Bさん（仮名）女性，15歳（ヒアリング当時）

“子どもが2人います。1人目の子どもは13歳のときに妊娠しました。子どもの父親はその後アルゼンチンに出稼ぎに行き，連絡はありません。2人目の子ども（を抱っこしている）はまだ3カ月。この子の父親はこの村にいます。2人とも私が妊娠していることも，出産していることも知っています。でも連絡はくれません。2人目の父親はすぐそこに住んでいる子どものころからの知り合いですが，子どもの顔を見にくることもありませんし，（生活費や教育費としての）お金をくれることもありません。”

このようにパラグアイの農村社会にあるジェンダーやマチスモの問題は今日でも根深いものがある。

b. 都市スラムの課題

パラグアイにはいくつかのスラムがあるが都市スラム，通称カテウラ（Cateura，図4･3）は，首都アスンシオン（人口53万人）の南西部に位置し，パラグアイ川沿い約16 km，2000 haの地域である。正式な地域の名称はバニャード・デ・アスンシオン（Bañado de Asunción，人口15万人，2012年Censo Nacional調べ）である。地域の最貧困地区であるカテウラ（人口約1万人，図(a)アミ掛け部分）は，ごみを収集して暮らす人々がいる地域である。子どもたちは生きるためにごみから食べることのできるものを拾い食すとともに，換金できるものを集めて売り，生計を立てている。

1950年代から人々が居住しはじめ都市スラムを形成してきた。その数は首都人口の約25%にあたる。カテウラ地域には毎日1000 tのごみが集積されており，子どもも大人もごみを収集して生きている。就学する機会を得たものは，首都アスンシオンに出稼ぎに行くが，カテウラの住民ということで差別を受ける。企画庁のMolinas大臣はパラグアイのGNPの増加と貧困削減は連動していないことに言及している。

2015年冬におきたエルニーニョ現象による豪雨はパラグアイ川を増水させ，カテウラ地域は水面下に沈んだ（図4･3(b)）。スラムの住民は避難することを余

(a)

(b)

図4･3 最貧困地区“カテウラ”(a)と豪雨によるカテウラの浸水の様子(b)

儀なくされたが，リサイクルを生業としているカテウラの住民にとっては，大規模なごみ集積所のあるカテウラを離れることは死活問題であり，近隣で暮らしてきた。水が引けた後，住民たちはカテウラに戻ってくるが，数多くの問題がある。汚染された水，不衛生な環境，仕事がないことから起きる暴力や若者のドラッグ中毒などである。ジェンダー問題も多い。ごみ収集や家政婦として働く女性たちの賃金が低いこと，教育が不足することにより起きる若年妊娠・シングルマザー問題，外部者が容易に侵入できる質素な家屋で起きる女性に対する暴力・レイプ，家政婦として働く際に雇い主から受けるハラスメントや暴力・レイプなどである。レイプを受けた女性や，親から暴力を受け続けてきた子どもたちが思春期になり自殺未遂を繰り返すことが2015年・2016年・2017年の調査により明らかになった[10)]。

筆者が2016年9月に実施した現地調査において，ごみ山の前で泣き叫ぶ女性がいた。板を集めてつくった家で暮らすシングルマザー女性は膝が痛く歩くことが困難であった。息子は母の膝の薬を買うために家の豚を売りに出かけた。薬を買い，残った豚の売り上げをズボンのポケットに入れて自宅にたどり着いた少年は，母親の目の前で撃ち殺され，お金は奪われた。その女性は生きていくことができないと泣き叫び，筆者はその話を聞き続けることしかできなかった。

現在，政府はカテウラに住む住民を他の地区に移動“させる”ことを計画しているが，住民たちはそれを望んでおらず，政府も対応に苦慮している。

4.2.4　社会実装としての生活改善プロジェクト

a.　パラグアイ農村女性の生活改善プロジェクト

横浜国立大学はJICA草の根技術協力事業：パラグアイ農村女性の生活改善プロジェクトを2016年9月よりラ・コルメナ市（以下，コルメナ）で，2017年9月よりコロネル・オビエド市（以下，オビエド）で開始した。筆者はプロジェクトマネージャーとしてこのプロジェクトにかかわっている。

コルメナはパラグアイに初めて日本人移住者が入植した地域である。首都アスンシオンから南東に130 km離れており，2015年の人口統計によると人口5771人で，うち日系移住者は310人程度である。おもな収入源は農業であり，収穫される農作物（果物，野菜など）を街の市場や仲買人に販売し生計を立てているが，その額はきわめて少ない。2008年の農牧センサスによれば，86％の農家は土地所有面積が 20 ha 未満の小農*16 であり，これら小農の所有地は東部地域の農地の約 1 割に過ぎない。また，小農に対する公的な行政サービスは十分でなく，8 割以上の農家は融資や技術支援を得られていない[11)]。

カアグアス県はパラグアイの中央南部に位置し，2014 年の国勢調査（DGEEC）によると人口は 485 410 人である。県都のオビエドは人口 107 925 人（2012 年調べ）で，首都アスンシオンから南東に 138 km 離れた地域にあり，農村部には小農が多い。カアグアス県で生産していた政府主導の単一作物栽培であるタバコと綿花の価格は，1980 年代以降下落し，農民はアスンシオンやアルゼンチンのブエノスアイレス，近年ではスペインにまで出稼ぎに出るようになっている。貧困ライン以下で生活している人口は 224 万人で全体の 32.0%にあたり，そのうち絶対的貧困はおよそ 71 万人で全体の 10.1%である。また，貧困ライン以下で生活している人々の割合が最も高い県はサンペドロ県の 62.2%，次はカアグアス県 60.6%である。

国の中でも農村部の貧困率が高く，小農や女性世帯主世帯の多いコルメナでは横浜国立大学の学術交流協定大学である Nihon Gakko 大学を，コロネル・オビエドでは同様に学術交流協定大学であるカアグアス国立大学を協力組織として本プロジェクトを開始した（図 4･4）。コルメナ市で開催した第 1 回目の 1 年間コースでは，噂を聞きつけて農村などから 28 名の女性が参加したがその 8 割がシングルマザーであった。

2017 年 9 月からはオビエドで同様のコースが始まり，4 つの農村部において小学校の台所を用い，ベーシックコースが始まった。また，2017 年 9 月にベーシックコースを修了した 27 名のうちの成績優秀者 6 名が 2018 年 1 月 22 日～ 1 月 31 日まで日本で生活改善研修に参加した。

2018 年 1 月 30 日に開催された先端科学高等研究院中南米開発政策ユニットの国際シンポジウムで農村女性たちは，学びの発表を行い大きな成果をあげた。

＊16　“小農”とは，南米南部共同市場（メルコスール）加盟国で共通して使われている以下の“家族経営農家”の定義を用いる。「おもに家族労働力を用いて農業生産活動を行う。1 年間に生産工程の特定の時期に臨時雇用する労働者の数は 20 人以下である。農地あるいは周辺に住まいを置いている。生産作物は関係なく，所有・賃貸あるいはその他の関係で条件の悪い土地 50 ha（東部地域）をしようしている」（国際協力機構（JICA），アイシーネット株式会社，日本工営株式会社，2011）。

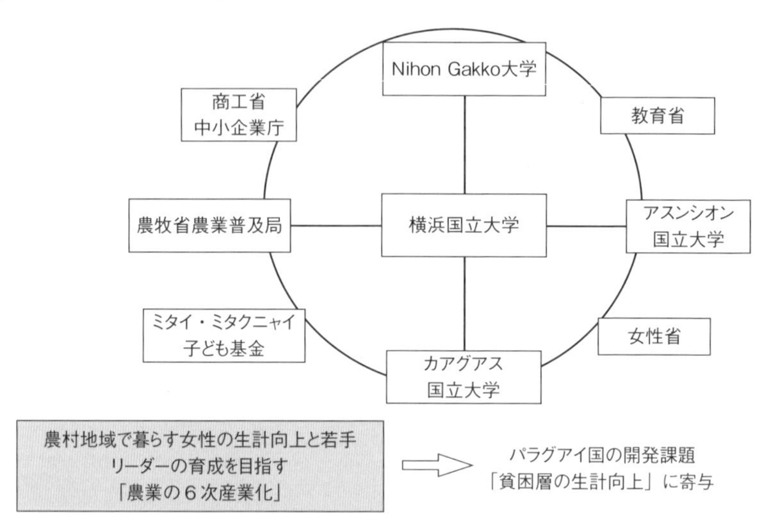

図4･4 ラ・コルメナ市およびコロネル・オビエド市でのプロジェクト連携機関

b. 都市スラムでの生活改善プロジェクト

カテウラの若者たちが自ら立ち上げた組織 JuvenSur（南地区に住む若者たちを意味する）は，日本の NGO と連携し，スラムの子どもたちの生活改善のための活動を行っている（図 4･5）。横浜国立大学のグローバルスタディーズ：ショートビジットパラグアイ・ブラジルに参加した学生たちが中心となって，スラムでの栄養講座の実施，スポーツ団体の協賛を得て，サッカーボールやユニフォームを送り，スポーツの楽しさや協力の楽しさを伝える活動なども行っている。また，スラムの若者と連携し，日本の NGO のインターンが現地に入り，性教育や栄養教育，スポーツ指導などの複数の教育を提供する枠組みをつくり，若者たちの自尊心を取り戻す活動を行っている。

4.2.5 社会実装の鍵となるものと大学の役割[*17]

2つの事例から見えてきたものは3つある。

第1に，大学は独自の人材や知，空間を生かしリアル・バーチャル・グローバルなネットワークづくりに貢献できる。具体的には授業や講習会，招聘事業といった空間装置を提供することで，参加者はリアルな空間で顔を合わせ，協働作

＊17 詳細は文献 1）を参照されたい。

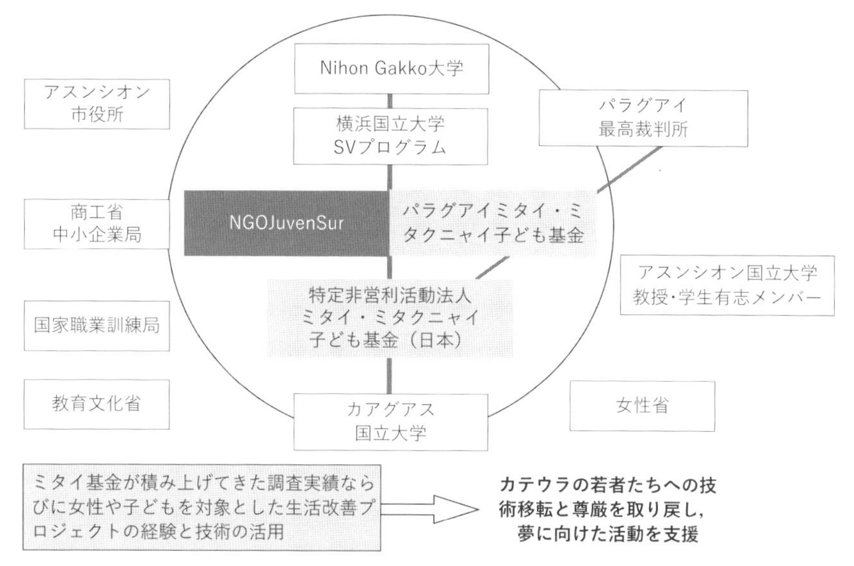

図 4•5 パラグアイスラムでのプロジェクト連携・協力機関：横浜国立大学モデル

業を行い，ラポールや絆を形成することが可能となる。その後，ソーシャルネットワーク（FB やライン，パラグアイでは WhatsApp といわれるソーシャルネットワークが盛んである）を通じ，バーチャルなコミュニティに属することで人間関係を紡いでいくことができる。

第 2 に，大学は専門家を派遣するとともにコミュニティにおける横と縦のネットワークを構築することができる。農村女性やカテウラというスラム出身者は，社会的差別を受ける。そのため，下からの開発実践や交渉の困難さがある。このような問題については，大学が関係組織やキーパーソンと課題をともに共有し，改善していくことが可能となる。

最後に，大学は参加者にモチベーションの装置としての修了証書などの公的証書に渡すことが可能である。農村女性の生活改善プロジェクトでは，27 名の女性たちが修了証書を得，そのことにたいへん満足していた。

4.2.6 国際社会で生かすべきこと

本節で述べてきたパラグアイのジェンダー課題や格差の問題はパラグアイ社会の大きなリスクである。しかし，新興国 / 発展途上国では予算やガバナンスの問題などもあり，これらの問題の解決は容易なことではない。

本節の事例では，パラグアイで横浜国立大学が展開しているJICA草の根技術協力事業や日本のNGOが支援している生活改善プロジェクトに焦点をあて，その可能性について論じてきた。その結果，日本の大学関係者が関わることにより，日本の大学の知と当該国の大学や組織の知と経験を接合し，社会課題の解決のための新たな装置をつくることが可能となることを示すことができた（図4･4，4･5）。それに加えて現地で活動するNGOと連携して活動することから，ミクロな実践やきめ細やかな対応が可能となった。日本の大学が取り組むJICA草の根技術協力事業などを活用した国際協力の実践事例は増加してきているが，現地で活動するNGOと連携した活動はまだそう多くないのではないだろうか。このような取り組みにより，大学は相手国の大学教員や学生，政府関係者とつながるとともに，地域住民や住民リーダー（本節ではスラムの若者グループ）とつながることから，マクロ・メゾ・ミクロまでを接合し，それらの意見を接合し，実践できる枠組みを構築することが可能となった。本節の事例で取り上げた取り組みのモデルが国際社会で広がることから，これまで政策に十分にアクセスできなかった人々の声を適切に拾い上げ，変化する人々が求める知を提供できることになる。本節ではこのように新興国/発展途上国で展開する社会装置を横浜国立大学モデルとしたい。

4.2.7　これからの挑戦

本節は，リスク共生社会とジェンダーや貧困という概念から社会開発を考えてきた。事例で取り上げた生活改善プロジェクトはボトムアップのアプローチとトップダウンのアプローチを組み合わせたものである。当事者である農村女性が力をつけていくプロセスをエンパワーメントとするならば，女性たちの目の前のニーズである実際的ニーズ（実際的ジェンダー・利害関心）から取り組むことが重要である。

本節のシングルマザーの女性たちの実際的ニーズは，子どもたちを育てるための所得の創出であり，加工食品の製造や販売などであった。成果の三類型（図4･6）は，生活改善プロジェクトに関わった農村女性を1994年から2000年まで追跡し，語りや行動変容を分析することから構築したモデルである。パラグアイの農村女性たちは，目の前にあるニーズが充足されることを経て（成果一類），次なる目標を生み出し（成果二類），戦略的ニーズ（戦略的ジェンダー・利害関

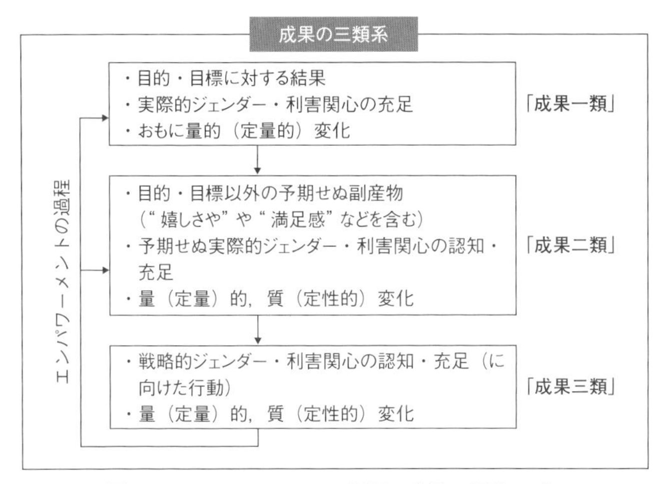

図 4･6 エンパワーメント評価：成果三類型モデル

心）である女性への差別，マイノリティへの差別，構造的な差別や制度や文化/規範が生み出しているに差別を認知し，それらを改善しようとする取り組みにまでつながった（成果三類）。

ジェンダーや貧困の問題は，冒頭でも述べたようにある人にとっては社会課題であるが，ある人にとっては必要「悪」であったりする。そのため当該地域に生きる人々は多くの学びと交渉を繰り返す中で成果三類に到達する場合が多い。本事例で取り上げたコルメナやオビエドの農村女性，そして都市スラム・カテウラでの挑戦は始まったばかりである。本学のモデルが社会のジェンダー問題や貧困問題を解決できる一助となるのか，これからも開発人類学者として関わり，実践を続け，世に発信したいと考える。

謝辞：本プロジェクトには日本やパラグアイの多くの方々に直接・間接的にご支援を頂くとともに，共に活動をして頂いております。記して感謝申し上げます。

引用文献

1) 藤掛洋子：常盤台人間文化論叢，**2**，127（2017）.
2) 東賢太朗・市野澤潤平・木村周平・飯田 卓 編：“リスクの人類学―不確実な世界を生きる”，世界思想社教学社（2014）.

3) 竹沢泰子：文化人類学, **74**(1), 86 (2009).
4) 山根俊彦：常盤台人間文化論叢, **3**(1), 135 (2017).
5) 松田裕之：公開書簡 (2016), http://d.hatena.ne.jp/hymatsuda/20160222
6) 稲森広朋：ラテンアメリカ研究, **19**, 3 (2000).
7) 藤掛洋子：ラテンアメリカ・レポート, **19**, 32 (2002).
8) 今井圭子 (国本伊代 編)："ラテンアメリカ―21世紀の社会と女性", pp.299-314, 新評論 (2015).
9) 藤掛洋子 (根村直美 編著)："ジェンダーで読む健康/セクシュアリティ", pp. 85-115, 明石書店 (2003).
10) 藤掛洋子 2015・2016・2017フィールドノート.
11) 藤掛洋子：常盤台人間文化論叢, **4**(1), 89 (2018).

参考文献

・ Alfonso, Dahiana E. Ayala：Población y Desarrollo, **21**, 17 (2015).
・ 藤掛洋子：日本評価研究, **1**, 29 (2001).
・ 藤掛洋子 (坂井正人・鈴木紀・松本栄次 編)："朝倉世界地理講座第14巻. ラテンアメリカ", pp.342-350, 朝倉書店 (2007).
・ 藤掛洋子 (関根久雄 編著)："実践と感情：開発人類学の新展開", pp. 207-240 春風社 (2015).
・ 藤掛洋子 (岡部恭宜 編著)："青年海外協力隊は何をもたらしたか", pp. 62-88 ミネルヴァ書房 (2018).
・ 藤掛洋子：パラグアイの貧困―エルニーニョ現象とパラグアイの貧困は関係があるのか?, ミタイ・ミタクニャイ子ども基金ホームページ (http://mitai-mitakunai.com/support/paraguay/poverty) 2016年5月7日.
・ Galdona, C. *et al.* "El Mejoramiento de Vida en Paraguay Apuntes para comprender el proceso histórico de este modelo de asistencia técnica" (José María Costa ed.), JICA (2012).
・ IDB：Pobreza, vulnerabilidad y la clase media en América Latina (2015)
・ IDB：Pulso social de América Latina y el Caribe 2016：Realidades y perspectivas (2016).
・ Mickelwait, D. R. *et al.*,："Women in Rural Development：Boulder, Colorado", Westview Press (1976).
・ Roett, R., Scott, R. S.: "The Paraguay reader : history, culture, politics", pp. 433-436, Duke University Press (2013).
・ Ziogas, M. G.："Indias vasallas y campesinas: la mujer rural paraguaya en las colectividades tribales, en la colonia y en la república", Editorial Arte Nuevo (1987).
・ 5días：El 36% de la población paraguaya sufrió al menos 4 tipos de pobreza (2016), http://www.moopio.com/el-36-de-la-poblacion-paraguaya-sufrio-al-menos-4-tipos-de-pobreza-diario-5dias.html.

4.3　Spaces of Commoning：関係性を育む居住モデルの提案

本研究は，高次の社会リスクを“関係性の希薄化”と定義し，都市のリダンダンシー（冗長性）を高めるために，人と人の関係性を育んでいくことを可能にする居住モデルを提案することを目的とする。高度に複雑化する現代社会において，すべてのリスクを把握することは不可能である。そのため，顕在化している具体的なリスクに個別的に対処するよりも，社会システムそのものの冗長性を高め，想定外のリスクに柔軟に対応できる仕組みや状況をつくっておくことが必要である。そうした意味において，人々の日常的な結びつきは，想定外の事態が起きた際に，社会のセーフティーネットとして機能する可能性をもっている。本研究はこのことに注目し，有機的な人々のつながりを創造する居住モデルを提案することを目指す。

研究は 2 つのフェーズに分かれている。前半は，人と人との関係性を育む空間・場として Spaces of Commoning（SoC）という空間的概念を構想し，フィールドワークをもとに東京とリオ・デ・ジャネイロで事例収集を行い，空間が共有されるメカニズムを考察した。SoC 研究をとおして，① リソース，② コミュニティ，③ ルールという 3 つの視点が重要であることが明らかになった。後半のフェーズでは，SoC 研究から得た知見をもとに新たな居住モデルを提案するためのプロジェクトに取り組んだ。横浜市西区西戸部地区という斜面地に位置する木造密集市街地を対象にして，SoC を組み込んだ次世代の居住モデルを“共同建替”によって実現する方法を検討し，西戸部において重要な空間要素である“路地”の空間的特性を継承した“路地グリッド”というプランニング方法を提案し，フィージビリティ・スタディをもとに，現状の課題と可能性を明らかにした。

4.3.1　研究の背景と社会的意義

21 世紀の日本の都市空間はさまざまなリスクにさらされている。少子高齢化をはじめとした人口構造の変化や，戦後構築された社会システムの制度疲労など，福祉，教育，産業，経済といったあらゆる領域で変化が起きている。日本の都市部に着目してみれば，例えば空き家問題や商店街の衰退など地域空間の空洞化といった課題が山積みである。こうした個別具体的な課題が引き起こすリスクに対して，例えば“防災”や“福祉”など，各専門領域からアプローチすることも大切であるが，短期的かつ微視的対策は単発的な対処療法にしかならず，根本的な解決を生まない。そればかりか，隠れている別の問題を顕在化させることにもつながり，より深刻なリスクを誘発しかねない。そうした問題意識から「次世代居住都市」研究ユニットでは，より高次のリスクに対してアプローチすることが重要であると考え，この高次のリスクを“関係性の希薄化”と定義した。人，モノ，情報の複層的関係性を生み出していくことが，個別的なリスクへの対処を越えた領域横断的なアプローチになるという仮説を立て，さらには日々のさまざまな関係性を担保する容器としての“居住モデル”に着目し，その新しいあり方を模索することをテーマとした。

4.3.2　研究の目的

タワーマンションや戸建住宅に代表される現在流通し普及している居住モデルは，プライバシーやセキュリティを重視しすぎるあまり個人主義的なものになっており，人と人の関係性を断ち切っていく間取りや空間的特性をもっている。本研究はこうした居住モデルに替わるオルタナティブな住まいのあり方を模索することが目的である。人やモノの関係性を遮断する住まいではなく，偶発的に結びつけていく居住モデルの提案である。その前提として，現在の都市空間において，空間を共有することで集合的な意識や活動が成立している事例を分析し，そうした知見を応用し，共有空間を組み込んだ居住モデルのあり方を検討する。

4.3.3　リスク共生における位置づけ

技術革新がめざましく，さらには都市化が急激に進行していく現代社会において，リスクそのものを想定することが難しくなってきている。そのため，特定の個別具体的なリスクへの対処策を考えると同時に，より高次のリスクを認識する必要がある。そうした観点から本研究では“都市のリダンダンシー”をいかに高めるか，ということに着目した。リダンダンシーの重要性は，すでにさまざまな研究者によって指摘されているが，例えば国土交通省によって交通網の整備におけるリダンダンシーの重要性が指摘されている。社会システムおよび都市システムの柔軟性を高めるために，ソフトとハードともにリダンダンシーの高い状態をつくっておくことが求められている。本研究は，都市のリダンダンシーを創造する手段の１つとして居住環境に焦点をあてる。

4.3.4 共有資源としての空間：Spaces of Commoning

本研究は，都市のリダンダンシーを高めるために，人と人の関係を育む場や空間が必要であるという仮説をたて，そうした空間をSpaces of Commoning（SoC）と便宜的に名づけ考察する。急激な都市化は，全世界でこれから人類が直面する最も重要な課題の1つであるが，新自由主義経済のもと，空間そのものが経済的尺度で評価される時代において，土地や空間は高度に商業化・私有化され，経済的価値付けや定義が難しい“共有空間”は失われる傾向にある。コモニング（commoning）という概念は，地理学者であるD. Harveyによるものであり，“コモン化する”という意味をもつ。コモン（common）とは共同的なものを意味し，Harveyは著書の中で，都市はさまざまな人々が混じり合って生活しながらこのコモンを生産する場であると説明している。そして，コモンとは固定化された特殊な物や資産というよりは，むしろ不安定で可変的な1つの社会関係として解釈されるべきであると主張する。都市における公共空間が本来のコモンとして人々に共有されるためには，その空間にかかわる人々の活動や行為が存在する。この空間をコモン化しようという社会的実践こそがコモニングであり，都市の公共空間が市場原理によって私有化されていくなかで，人々が自発的に自分たちのための空間を取り戻す“コモニング”という実践を通して人々が都市の中でさまざまな関係性を育む場が生まれると考える。

4.3.5 研究方法

本研究ユニットは，研究者である教員が建築家をはじめとした実務家であるという利点を生かし，前半の研究のみならず，具体的な実践へとつなげることを目標に研究方法を組み立てた。

＜フェーズ1：SoC研究＞

- 人々の関係性を創造し得るポテンシャルをもつ共有空間のあり方をSoCと名づけ，SoCのおかれている状況を観察し，共有空間が機能する要因を分析する。
- 上記の分析によって，行政による“計画”や“管理”とは異なるアプローチから共有空間のあり方を把握し，その存在意義や機能を分析することを可能にする分析のフレームワークを構築する。

＜フェーズ2：密集市街地における居住モデルの提案＞

- SoCで得た分析の枠組みと知見を応用することで，場や空間を生み出す方法論を発展させる。
- 密集市街地を対象地として，具体的な居住環境の改善・更新を“フィージビリティ・スタディ”として試みる。具体的な敷地対象は，横浜市西区の西戸部地区を対象とする。

4.3.6 SoCの研究と実戦

a. フェーズ1：SoCの研究

（i） 調査:リオと東京での比較研究　フェーズ1では，SoCとよび得る空間群を収集・分析することから始めた。SoCそのものは，その土地の文化的背景に強く依存すると考えられるため，異なるエリアを2つ選び比較することによってSoCの実態に迫ろうと考えた。本研究の共同研究者であるRainer Hehlがブラジルのリオ・デ・ジャネイロを長年研究拠点としていたということと，非西欧諸国であるということを加味し，東京とリオ・デ・ジャネイロの2つの都市を選定し，共有空間の事例を収集・分析することにした。フィールドワークから具体的な事例を収集し，そこから深く分析する対象として各都市6事例，計12事例を抽出し，分析をした。

（ii） 選定した12の事例　分析対象とした事例は，歴史的なもの，イベント性のあるもの，宗教性のあるもの，新しいもの，計画的につくられたもの，自然発生的に生まれたものなど，さまざまな観点から選定した（図4･7）。

＜東京＞　有楽町自販機酒場，鬼子母神の参道，上野公園の花見，皇居ラン，みやした公園，広尾の木造密集市街地（木密）

＜リオ・デ・ジャネイロ＞　ファベーラ・ビディガルのプラザ，ファベーラ・タバレ・バストスのサッカー場，カーニバルのスタジアム，フラメンゴ通りのハイウェイ，カルティエ・カリオカ・コンドミニアム，コーポラティブ・ハウジング“シャングリラ”

（iii） 3つの分析方法　分析は，SoCを記述・ドキュメンテーションすることによって，以下の3つの手法で行った。1つはグラフィックによる表現である。1）写真，2）空間構成を表現したアクソメ，3）利用主体やその関係を示したダイアグラム，4）その場の生成に寄与している人や物の抽出，そして，5）テキストによるプロトコルの説明によって構成される（図4･8）。2つ目は360度動画

図4·7　選定した12の事例（東京，リオ・デ・ジャネイロ）

である。最新の動画技術をもつ企業と協力し，360度動画の撮影を各現場で行い，実際に場が使われている状況をドキュメンテーションした。そして最後は模型である。色味やテクスチャーを極力排除し，白い模型で表現することによって，その場がおかれている都市的文脈を立体的に理解するための道具として制作した。

（iv）　SoCを構成する3つの視点　　こうした分析を通して，空間を資源と捉えるための枠組みとして，図4·9に示す3つの視点を定義した。(1) “リソース”は，特定の空間・場にどのような資源的価値があるかを分析する視点である。

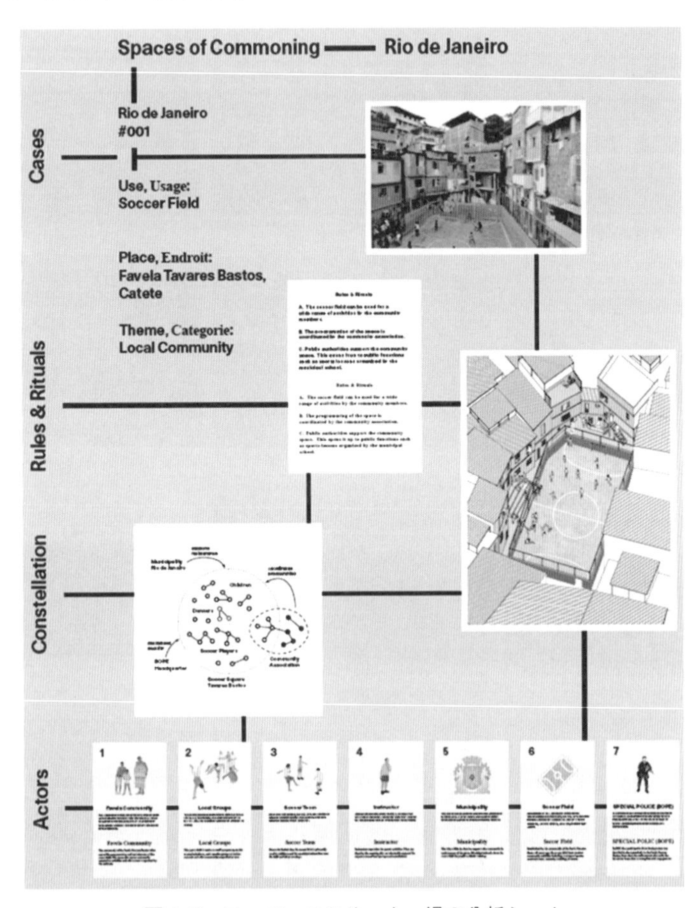

図 4・8　ファベーラのサッカー場の分析シート

空っぽの場としてではなく，使用価値をもつ資源として空間を捉える。(2)“コミュニティ”は，その空間資源を利用している主体あるいは管理・運営をしている主体のことである。ここでいうコミュニティは地縁・血縁によるものではなく，資源を介して関係性が成立している人物同士の関係性のことをさす。当然こうした人物相関図から，権利関係や衝突関係も分析することが可能である。最後の (3)“プロトコル”は，背後に存在するその空間・場を使う，あるいは維持していくためのルールや決まりごとのことである。ここでいうルールは明示されている場合もあれば，慣習や文化的風習のように暗黙的な場合もある。こうしたルールを通して空間が資源としてどのようにマネジメントされているのかという

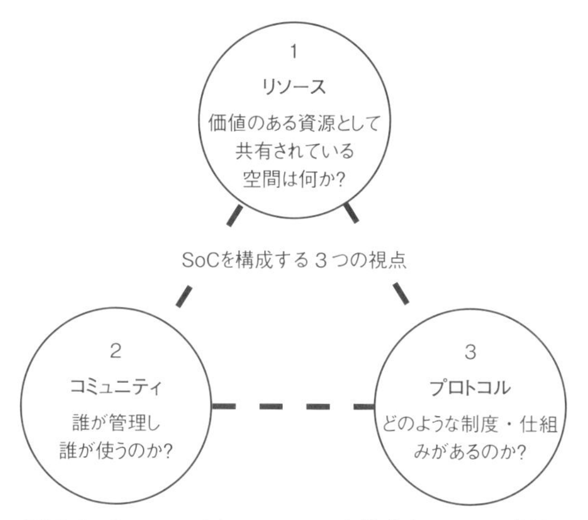

図4･9　Spaces of Commoning を構成する３つの視点

ことを考察することができる。

b. フェーズ２：SoC に対応した居住モデルの提案

フェーズ２では，共有空間を積極的に創出する居住モデルを提案することを目的とする。実施を前提としたプロジェクトとして，実際にある特定のエリアを選定し，地元主体とコミュニケーションをとりながら，新しい住まいのモデルを検討した。

(i)　対象エリア：横浜市西区西戸部地区　　居住モデル提案のために横浜国立大学に近い横浜市西区西戸部地区を選定した（図4･10）。ほかの多くの横浜のエリアと同じように，地形が複雑なエリアである。また同時に木造密集市街地でもあり，木造の戸建てやアパートが密集して建設されており，“都市の脆弱地域”

図4･10　西戸部地区の位置

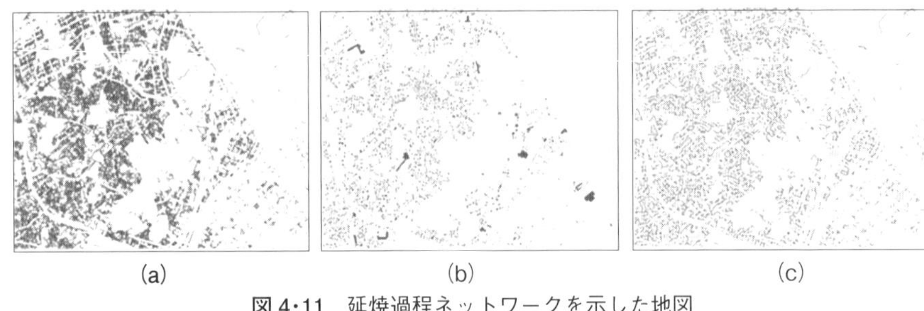

図 4・11　延焼過程ネットワークを示した地図
［分析・作図：織山和久］

でもある。

(ii)　対象地域におけるリスクの把握　研究を始めるにあたって，まずは具体的に対象地域におけるリスクの把握に務めた。抽出したリスクをあげると，例えば崖崩れ，避難経路の少なさ，土地所有の複雑さ，空き家の増加，地域の空洞化，人口構造の変化，コミュニティの弱体化などがあげられる。本項ではその中からおもに2つの分析結果を紹介する。

(1)　リスク分析1　延焼過程ネットワーク：　木造密集市街地は，木造家屋が密集して建設されているため，火災が起きた場合簡単に燃え広がり，大火災へと発展する危険性がある。研究メンバーである織山が開発した手法を用いて現状の状態を分析した。図4・11(a) は現状の延焼のネットワークを表現している。ネットワークの最大連結数は3490である。これはどこから火がついた場合に最大に燃え広がる可能性を示した数字である。図(b) はそうしたネットワークのリンクが集中してノード（結節点）となっている家屋を表している。こうした分析を通して家屋の約20%を不燃化することで延焼を大幅に防げるということが明らかになった。図(c) は不燃化を実施した後の地図であり，ネットワークが細かく切れていることがわかる。

(2)　リスク分析2　地域資源である建物の状況把握：　西戸部地区の家屋の状況を細かく分析した。建築基準法などの接道条件から既存不適格と呼ばれる既存の法の基準に準じていない建物をはじめ，建替えの更新状況を把握し，築年数の古い建物や新しい建物の状況を把握し，地図上にプロットしていった（図4・12)。こうした地図の作成によって，建替えや開発ポテンシャルの高いエリアや家屋を分析することができる。また，条件が厳しいうえに開発が難しく更新が進んでいないエリアも同時に明らかになる。

図 4·12　西戸部の空き家や建替え状況の分析マップ

このようにリスクの状態やリソースを表記したマップを重ね合わせることで，地域を更新していく際の戦略を立案することが可能になる。例えば，延焼過程ネットワークにおいてハブになっている家屋と，接道不良の敷地が多く存在する区画が重なり合っている部分を優先的に建替えや開発エリアとして特定することが可能になる。

（iii）　方法論の検討:共同建替によるエリアの更新　　こうした分析と並行して本研究では，エリアを更新するための方法として“共同建替”に着目し，その適用可能性を検証した。共同建替には 2 つのメリットがある。1 つは，西戸部に多い接道不良の複数の敷地を統合することによって，接道条件を満たす土地に転換できるという点にある。2 つ目は，現在の不動産流通において，土地はより細分化することで売買される傾向にあるが，これは建物の密集度を向上させることにつながり，防災の観点から理想的とはいえない。敷地を統合することによって，一体的にエリアを開発していくことが可能になり，地域の防災性能を高めることができる。しかしこうしたメリットがある一方で，複数主体との交渉が必要であり，合意形成が難しいというデメリットもある。

共同建替の可能性を検討するにあたって，敷地を統合していくことによる土地の価格の変動率を把握し，実際に事業収支が成立するか試算表を作成した。また，図 4·13 に示すように敷地を統合することによって建設が可能になる建物のボリュームスタディを行った。

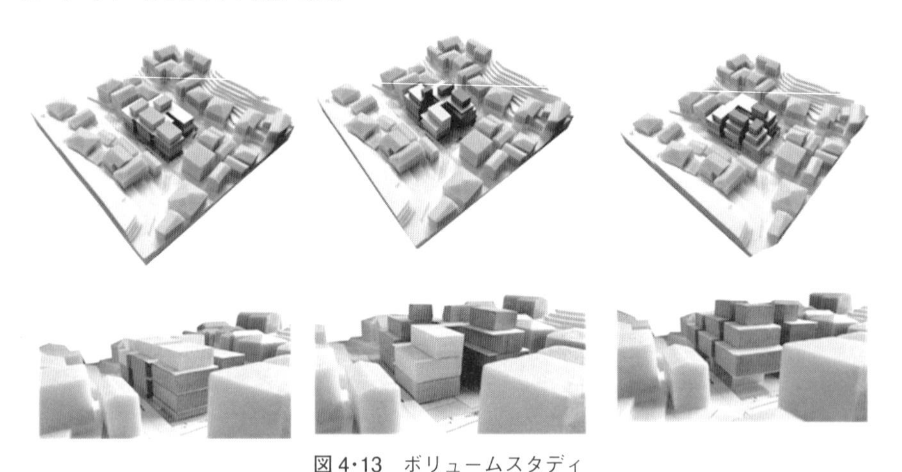

図 4·13 ボリュームスタディ

こうした条件を踏まえ，現状の住居以外にも新たなプログラムや機能を計画に含めることが可能であることから，例えば住居以外の教育や福祉をはじめとした地域経済・地域社会を支えるためのプログラムを計画に盛り込むこと，また積極的にコモンスペースを建築に反映させることができることを明らかにし，設計を進める際の条件として整理した。

(iv) 路地グリッドの提案　こうした条件整理をしたうえで，“路地グリッド”という仕組みを考案した。これは一般的なグリッドを二重にしたものであり，専有部を確保したうえで，必要になるキッチン・風呂場などの水まわりや階段などの縦動線をその外側に配置することによって，結果的に残余部分が周辺環境と同じ路地的な空間の質を備えることができるというプランニングの手法である。大きな広場やオープンスペースによって共有空間を確保するのではなく，エリアに点在する残余としての空間が共有空間になるような路地のあり方に着目し，こうした仕組みを提案した（図 4·14）。

(v) フィージビリティ・スタディ　このようなプロセスを経て，地域住人の方へ実際の共同建替のスキームやシナリオを展示会，ワークショップ，シンポジウムを通して伝え議論していくことを進めていき，合意形成をはじめとした問題や，経済的指標だけでははかれない住まいに対する思いなどのファクターを把握していった。共同建替に関する住人側のおもな意見をとして，以下などがあげられる。

(1) 隣家とともに敷地を統合して共有化するということにそもそも心的抵抗感

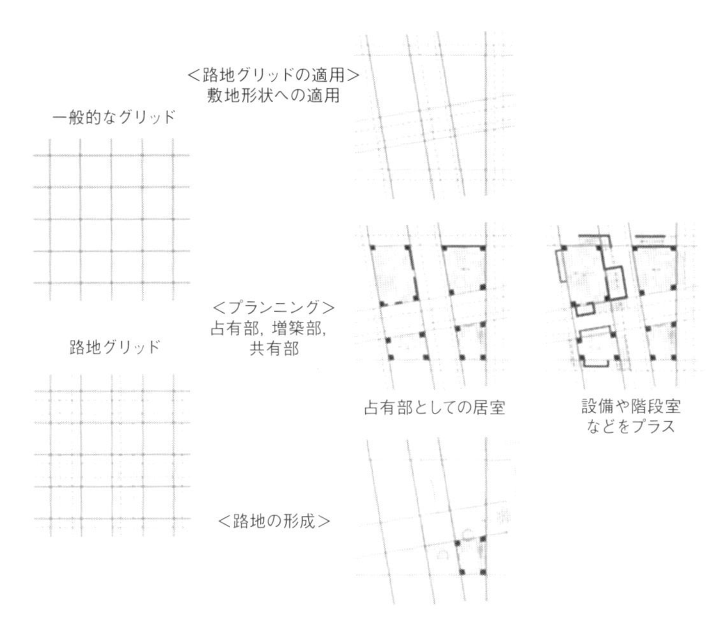

図 4・14　路地グリッドによる提案

がある。

(2) 共同建替のように規模が大きいアクションではなく，空き家対策など小規模なものから地域を良くしていくことはできないか。

(3) 崖地や地震など，自然災害が起きたときにどのように避難すればいいか。

こうした課題のほかにも，具体的にプロジェクトを検討していくなかで横浜市の条例により建物の総面積が 500 m^2 以上の建物の建設は接道条件などの理由か

図 4・15 スキームを住人へ説明している様子

ら難しく，一方で，共同建替は 500 m^2 以上ないと事業収支として成立しにくいなど，具体的な課題も明らかになった。本プロジェクトは現在も進行中であり，今後は課題を整理しながらより現実的な計画を実現していく予定である。

4.3.7 居住環境からみたリスク共生社会構築への展望

居住環境は，誰にとっても重要な社会基盤の 1 つである。社会を構成する重要な要素・単位として，居住環境がどのように構築・運営されているかということは重要な問いである。本研究において取り組もうとしたことは，関係性が希薄化していく都市環境の中で，何かしらの関係性を醸成するような住まいのモデルを提案することである。人々が具体的な空間や場を共有することで，そうした提案を実現させていくことで都市のリダンダンシーを高めたいが，一方，リダンダンシーそのものの有効性や評価は，本研究では十分に行えていない。それはほかの研究を含め，今後探求されるべき課題である。

参考文献

- デヴィッド・ハーヴェイ 著，森田成也・大屋定晴・中村好孝・新井大輔 訳：“反乱する都市－資本のアーバナイゼーションと都市の再創造”，作品社（2013）.
- 東京大学 生産技術研究所 原研究室 編：“住居集合論 Ⅰ，Ⅱ”，鹿島出版会（2006）.

期間中の研究業績一覧

<書籍>

- R. Hehl, L. Enge, eds.：“Transtopia”，Ruby Press（2017）.

・ 横浜国立大学大学院建築都市スクール“Y-GSA”編：“Creative neighborhoods : 住環境が新しい社会をつくる”，誠文堂新光社（2017）.
・ ETH Zurich, PUC Rio de Janeiro, IAS+Y-GSA：“Spaces of Commoning”, arcenreve.com（2016）.
・ TU Berlin, Y-GSA：“Big Form/ Small Grain”，ブックレット（2017）.
・ 横浜国立大学大学院 / 建築都市スクール“Y-GSA”編：“窓の視線学”，YKK AP 株式会社窓研究所「窓学」研究報告書（2016）.

<シンポジウム>
・ 国際シンポジウム：Creative Neighborhoods 2. 都市のインフォーマリティ，2015 年 3 月
・ 国際シンポジウム：Creative Neighborhoods 3. 都市の「‘余白’ 余白」，2016 年 3 月
・ 地域シンポジウム：西戸部のみつけかた，横浜市・西戸部，2017 年 3 月 5 日
・ 西戸部まちづくり協議会総会，横浜市・西戸部，2017 年 5 月 14 日
・ 国際シンポジウム：Creative Neighborhoods 4. Big Form, Small Grain—「集まって住む」ための個と全体のかたち，2018 年 3 月
・ 地域シンポジウム：西戸部のみつけかた 2，横浜市・西戸部，2018 年 3 月 18 日

<展示会展覧会>
・ Constellation.s（フランス，ボルドー），2016 年 6 月
・「西戸部のみつけかた」展（日本，横浜），2017 年 3 月
・「続・Tokyo Metabolizing 展」（日本，東京），2018 年 2 ～ 3 月
・「西戸部のみつけかた 2」展（日本，横浜），2018 年 3 月

< WEBSITE 構築（随時コンテンツ更新）>
・ http://cn-ygsa.jp/

5

安全・安心を支える情報システムの実現
――スマートシティイノベーション――

日本が目指すべき未来社会の姿として第5期科学技術基本計画において提唱されたSociety 5.0は，狩猟社会（Society 1.0），農耕社会（Society 2.0），工業社会（Society 3.0），情報社会（Society 4.0）に続く，サイバー空間（仮想空間）とフィジカル空間（現実空間）を高度に融合させたシステムにより経済発展と社会的課題の解決を両立する人間中心の社会である。その中心にあるのは情報システムであり，モノのインターネット（IoT）や人工知能（AI）を活用し，さまざまな知識や情報の共有により，いままでにない新たな価値を生み出すことでこれまでの課題や困難を克服する望ましい社会を実現するものと期待されている。本章では，安全・安心を支える情報システムの実現と社会導入を通して，リスク共生社会創造を目指した研究成果と事例を紹介する。とくに，要素技術の研究開発と情報システムの構築，ひいてはそれらの応用と社会実装に焦点を当てる。

5.1節は，情報システムを支えるIT機器の消費エネルギーに関するものである。IT機器の消費エネルギーは，性能の向上に伴って爆発的に増大し，逆に性能を制限するまでになっている。将来に予想されるエネルギークライシスへの1つのソリューションとして超高速・省エネプロセッサの開発を取り上げ，新技術導入のリスクについて紹介する。

5.2節では，物理情報セキュリティ技術に関する研究成果を紹介する。システム，サービスに対する悪意ある意図的な攻撃などの実態を解明し，フィジカル世界（現実の世界），サイバー世界（仮想の世界），そしてその両者の境界面における未知の脅威に対応するための有効な対策についての研究である。

5.3節では，医療ICT機器・システムの安全性とリスクの評価研究について紹介する。情報通信技術（ICT）を活用した診断と治療を可能にするためには，医療ICTの標準化とシステム構築による社会実装が欠かせない。加えて医療ICT

機器の安全性とリスクを定量的に評価し，コストと残る不確実性とともに示すことにより，リスク共生を科学的に議論するレギュラトリーサイエンス（科学的知見と行政規制や措置を橋渡しする科学）について紹介する。

5.1 超高速・省エネプロセッサの開発

近年の情報化社会の急速な進歩により，IT 機器の消費エネルギーが爆発的に増大し，新たなエネルギークライシスをもたらすことが予想される。超伝導回路を用いた断熱型量子磁束パラメトロン（adiabatic quantum flux parametron：AQFP）は，エネルギー消費の面で従来の半導体 CMOS をはるかに上まわる性能をもち，これらの技術により IT 機器の大幅な削減が期待できる。本節では，将来のサーバなどの情報機器が消費する総エネルギーをもとに，AQFP 技術の導入によりどれほど消費エネルギーが削減されるかを検討する。これにより，将来の IT 機器がもたらすであろうエネルギークライシスに対する新技術導入のリスクを見積もった。

5.1.1 研究背景

今日の情報化社会の急速な発展は，コンピュータやサーバ，ルータなどの情報機器の大幅な性能向上を牽引力として成し遂げられてきた。世界中のサーバがネットワークでつながりデータがクラウド上で処理されることにより，検索や情報処理が地球規模で行えるようになった。いまや，パソコン（PC）から単語の検索を行うと，Web 上で瞬時に検索結果を得ることができる。個々のデータは地球上のどこにあるか問題ではなく，地球の裏側にあってもよい。検索を高速に行うためにサーバは常に世界中の情報を整理している。近年大量の画像データが世界中でやり取りされ，今後，センサーや情報機器などからのストリームデータが無限に増え続けるといわれている。

しかしながら近年，これらの情報の処理を行うための電力消費が無視できなくなってきている。Google によれば，40 回のインターネット検索を行うのに要する電力は，コーヒー 1 杯を沸かすのに必要な電力に等しいといわれている。2011 年のデータによると Google のデータセンタの電力消費は 2 億 6000 万 W で，これはソルト・レーク・シティ全体の電力使用量を超えるとしている。情報化社会の進歩の裏では膨大なエネルギーが消費され，今後もますます増大することが予想されている。この高度情報化社会がもたらすエネルギークライシスに対処するためには，今後の技術進歩を踏まえて電力消費エネルギーの増大に対してどのようなリスクが存在するのかを見極め，それを回避するための新技術について検討する必要がある。

これまで情報機器の性能向上は，半導体集積回路の微細化による集積密度の増加と高速化を牽引力としてなされてきた。1971 年に Intel 社がマイクロプロセッサ 4004 を発表して以来，半導体集積回路の集積密度は 1.5 年ごとに 2 倍のペースで向上し，いまも同じペースを維持している。2018 年現在，半導体トランジスタの構造の最小サイズは，14 nm に達している。一方，これまで指数関数的に増大してきた速度性能を決めるクロック周波数は，2005 年頃から飽和傾向にある。その原因となっているのは，回路の消費電力である。高性能な半導体集積回路の消費電力は 1 チップあたり数十ワットに達し，冷却の難しさのためこれ以上回路のクロック周波数を上げることができない。最近では，速度性能をわざと落とした集積回路を多数並べることでシスステム全体の性能向上をはかっている。そのため，情報機器システム全体の集積回路の数はますます大きくなる。いまや，回路からの発熱が集積回路の性能を制限し，ひいては情報機器全体の性能を制限しているのである。今後の微細化技術の向上により情報機器の消費電力の低減を行うことが難しくなってきている。

筆者の所属する超省エネルギープロセッサ研究ユニットは，これまでの半導体集積回路技術とは異なる，超伝導集積回路技術を用いた情報機器の低エネルギー化を目指している。私たちが提案する断熱型量子磁束パラメトロン（AQFP）は，高速で動作することが特徴の量子磁束回路を断熱的に動作させることで，熱力学的限界に迫る極限的低エネルギーでの動作を可能とする。本技術を用いれば従来の半導体集積回路に比べて 5 ～ 6 桁の消費エネルギーの低減が可能である。そのため，超伝導状態を得るための冷却コストを見込んでも，情報機器の大幅な省エネルギー化が可能となる。本節では，情報機器がもたらす将来のエネルギークライシスのリスクを見積もるとともに，新技術がもたらすリスク低減効果について検討を行う。

5.1.2　次世代 IT におけるエネルギークライシス

2013 年の調査報告[1]において，日本における主要 IT 機器 7 品目（スマートフォン，PC，サーバ，ストレージ，ネットワーク機器，テレビ，ディスプレイ）

の消費電力の予測が示されている。それによれば，今後のIT化の加速により，IT機器の電力使用量は今後も連続的に増加し，2025年には1496億kWh/年，2050年には2089億kWh/年に達すると予想されている。この電力は，今後予想される日本の総電力量のそれぞれ，16.4%，24.4%に匹敵する。なかでも，IT機器の消費電力量に占める割合としてサーバやネットワーク機器の比重が高く，2025年にはそれぞれ7.6%，32.6%に達すると予想されている。これは，情報機器のクラウド化が進み，データはデータセンタとよばれる巨大な情報機器設備で一括して処理され，データセンタと個々の端末間で大量のデータがやり取りされるからである。このクラウド化によるハイエンドIT機器の消費電力の増大は，多くのWebサービス事業者を擁する米国でとくに顕著である。

一例として米国オレゴン州プラインビルに設置されているFacebookのデータセンタの諸元を表5･1に示す[2)]。本データセンタの性能は9～17 PFLOPSである。ここで，PFLOPSは1秒間に浮動小数点演算を10^{15}回行える能力を表している。この値は高性能のPCの10万倍～100万倍の性能に匹敵する。その消費電力は平均28 MWであり，これは小さな町の総消費電力量と同じである。このデータセンタに電力を供給している電力会社は70%の電力を石炭から得ており環境保護団体の批判を招いている[3)]。

図5･1と表5･2には，同じく2013年の調査報告[1)]における，日本のサーバの消費電力予測を示す。サーバの消費電力は継続して増加傾向にあり，2025年には113億kWh，2050年には154億kWh に達し，これは日本の総発電電力量のそれぞれ，1.2%，1.8%に相当する。米国におけるサーバの消費電力の増大はさらに顕著であり，2009年から2020年にかけて720億kWhから1760億kWhに増加と予測されており[4)]，日本に対し桁違いに大きい。

表5･1 Facebookデータセンタの諸元

性　能	9～17 PFLOPS
メモリ容量	7～9 PByte RAM，324～1512 PByte ディスク
電　力	平均28 MW（最大40 MW）
設置面積	13 664 m^2
電力使用効率	1.08 PUE*
設置場所	米国オレゴン州プラインビル
設置年	2011年

* PUE：データセンタ全体の消費電力/IT機器の消費電力

[S. Holmes: Superconducting SFQ VLSI Workshop（SSV 2013), November 21, 2013]

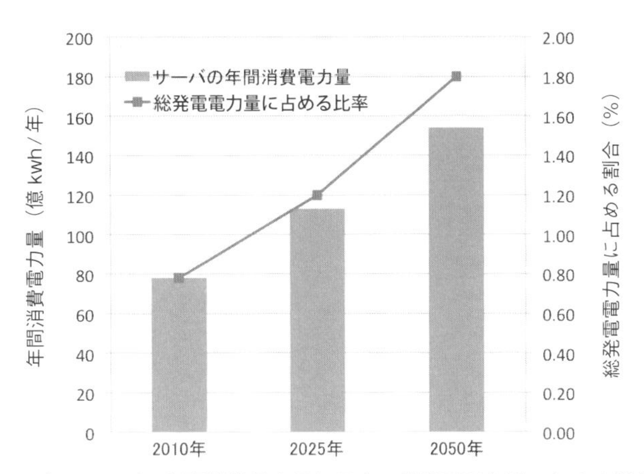

図 5･1　日本のサーバの年間消費電力量と日本の総発電電力量に占める割合の予測

表 5･2　日本のサーバの消費電力量と年間総発電電力量の予測

	2010年	2025年	2050年
日本のサーバの年間消費電力量（億 kWh）	78	113	154
日本の年間総発電電力量（億 kWh）	10 064	9140	8560
サーバ消費電力量の総発電電力量に占める比率	0.78%	1.2%	1.8%

また，今後のビッグデータや AI ビジネスの普及，センサネットワークの普及による M-to-M（machine to machine）での情報処理の増大など，新規技術革新による不連続な情報処理量の増大も予想されている。IT 機器の普及は，IT 機器以外の領域での省電力化をもたらし，大きな省エネルギー効果が期待されているものの，将来 IT 機器自体の消費電力が無視できない状況にある。

5.1.3　断熱型超伝導回路に基づく超省エネプロセッサ技術

本ユニットでは，将来の IT 機器が招くであろうエネルギークライシスに対処するために，従来の半導体 CMOS デバイスとは異なる原理に基づいた，超省エネルギー集積回路技術の研究を行っている。先に述べたように，将来のデータセンタやネットワーク機器を担う高性能コンピュータの実現のためには，エネルギー効率の高い論理回路が必要不可欠である。論理回路のエネルギー効率において，最も重要な評価指標は 1 ビット 1 演算あたりの消費エネルギーである。Landauer [5]による考察以来，古くからこの最小エネルギーに関し議論がなされている。熱力学的考察によれば 1 ビットの演算に要する最小エネルギーは

$k_B T \ln 2$ と予想されるが，従来はこの最小エネルギーよりはるかに大きなエネルギーで演算がなされており，応用上は消費エネルギーの物理的極限を議論する必要はなかった。しかしながら，IT 機器の消費エネルギーがシステム性能を決めるようになり，この問題の本質的な理解がきわめて重要となっている。

超伝導リング中の量子化磁束を情報担体とする単一磁束量子（single flux quantum：SFQ）回路は，高速動作が可能でありながら消費電力はきわめて小さい。そのため，大規模なデジタルシステムの実現を最終目標とし，米国と日本を中心に研究が進められている。図 5･2 は，SFQ 回路と CMOS 回路のビットエネルギーとクロック周期の関係を示す。SFQ 回路は，エネルギー・遅延時間積（EDP）において，CMOS 回路と比較して 3 桁以上優れている。図 5･3 に現在，日米で研究が進められている低エネルギー超伝導回路を示す。IBM 社や Hypres 社で研究が進められている ERSFQ（energy-efficient single flux quantum）回路は [6]，バイアス回路で消費される静的電力 P_S と演算回路で消費される動的電力 P_D がともに $\Phi_0 If$ 程度である（f はクロック周波数）。Northrop Grumman 社で研究が進められている RQL（reciprocal quantum logic）は [7]，静的電力 P_S はゼロであるが，動的電力 P_D は $\Phi_0 If$ 程度である。一方，本ユニットで研究が進められている AQFP は，QFP [8] を断熱的にゆっくりと動作させることで，動的電力 P_D を $\Phi_0 If$ に比べてさらに小さくすることができる [9]。そのため，米国で研究されている低消費エネルギー型の SFQ 回路より 2 桁以上消費エネルギーを低減することができる。また，後述するように AQFP を用いて可逆回路 [10] を構成することができるため，さらなる消費エネルギーの低減が可能である。

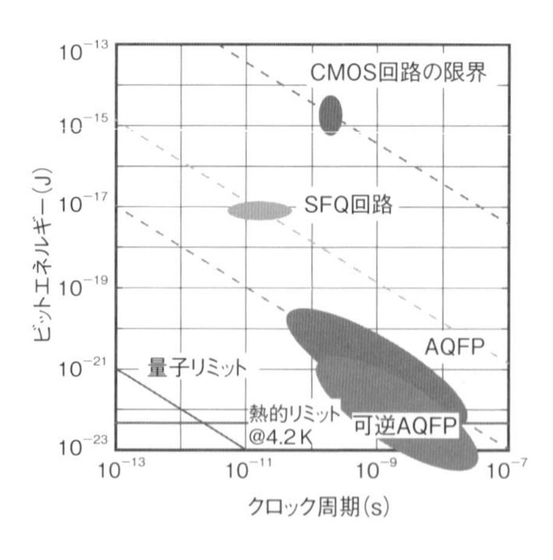

図 5･2　各種論理回路のビットエネルギーとクロック周期の関係

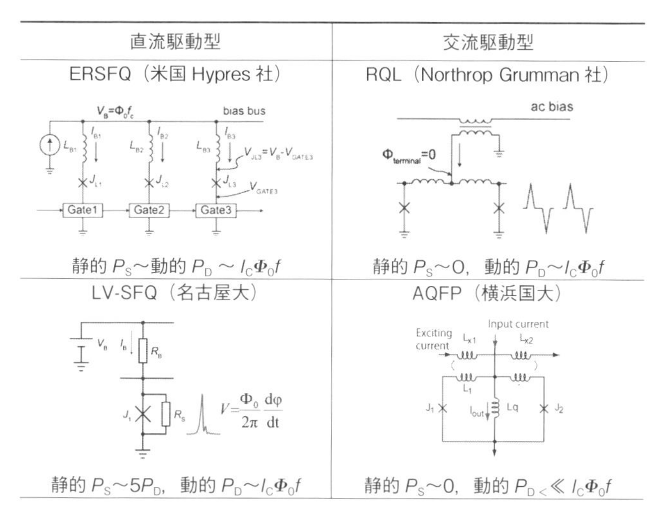

図 5·3　低エネルギー超伝導回路の種類

半導体 CMOS 回路は電荷 Q を情報担体として，電位 V で論理回路を駆動する。そのためスイッチング時に $E_{SW}=QV$ のエネルギーが消費される。一方，超伝導 SFQ 回路は単一磁束量子 Φ_0 を情報担体とし，電流 I で論理回路を駆動する。そのためスイッチング時に $E_{SW}=\Phi_0 I$ のエネルギーが消費される。どちらの論理回路でもスイッチング時に電荷あるいは磁束の急峻で非断熱な状態変化が生じ，エネルギーは熱として消費される。また，スイッチングエネルギー E_{SW} は，熱雑音による誤動作を防ぐために熱エネルギー $k_B T$ よりも十分大きくする必要がある。したがって，非断熱な遷移を伴う通常の論理回路は，本質的に少なくとも $k_B T$ の数十倍のエネルギー消費を伴う。

これに対して私たちが提案する断熱回路は，図 5·4 に示すように 2 つのジョセフソン接合を含む超伝導ループと励起電流印加用のインダクタンスで構成される。励起電流の印可により。回路のポテンシャルをシングルウェルからダブルウェルに変化させることで，微小な信号の入力に対してゲートの最終状態を決定し，大きな電流利得を得ることができる。この際，系のポテンシャルをゆっくりと断熱的に変化させることで，急峻な状態変化を伴うことなく論理演算を行う。本回路は QFP として知られるが [8]，私たちが提案する AQFP は，通常の非断熱的な QFP と異なり，L_q を小さくすることで内部状態の不連続な遷移がなく，断熱的な状態変化が可能である [9]。スイッチングエネルギー E_{SW} は，熱雑音に対し

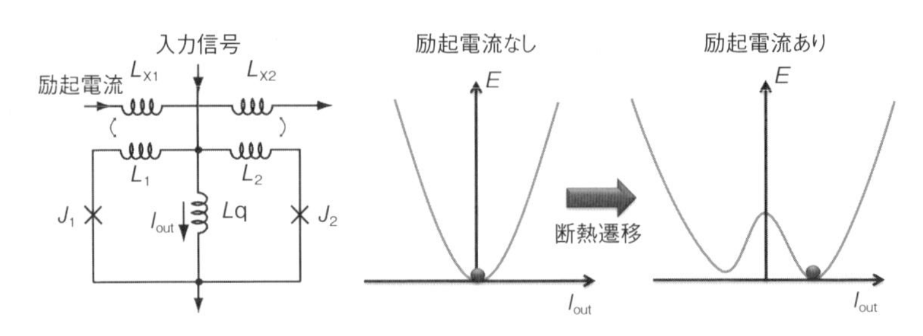

図 5･4　AQFP 論理ゲートとそのポテンシャル変化

て十分に大きく取る必要があるが，これらのエネルギーは演算後にすべて電源に回収されるため，回路での消費エネルギーを動作周波数に比例して低減することができる。断熱回路は半導体 MOS トランジスタ回路でも構成可能であるが，MOS トランジスタ自体のオン抵抗やリーク電流の存在により，断熱動作による省エネルギー化は限定的である。一方，超伝導回路を用いた量子磁束回路では，デバイス自体の損失がきわめて小さく，リーク電流を伴わないので理想的な断熱回路を構成できる。

私たちは，AQFP における動作速度と消費エネルギーの関係を明らかにし，AQFP と結合した超伝導共振器の Q 値の測定により AQFP の消費エネルギーが，現在の論理素子のスイッチング エネルギーとして最も小さな 10 zJ であることを明らかにした[11)]（ただし，z（ゼプト）は 10^{-21}）。さらに，AQFP の設計方法論を確立し，加算器やレジスタファイルなど大規模回路の動作実証を行った[12)]。図 5･5 には AQFP を用いた 8 ビット桁上げ先見加算器の顕微鏡写真を示す。また，産業技術総合研究所と協力してジョセフソン接合を縦に 2 層集積化させたダブルゲートプロセスを開発し，上下の層に独立に AQFP を構成できるこ

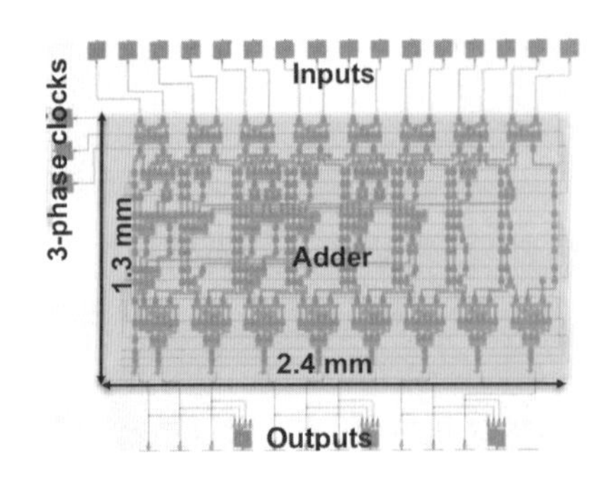

図 5･5　AQFP を用いた 8 ビット桁上げ先見加算器

とを示し，3 次元集積回路への足がかりを得た[13]。

5.1.4 可逆計算に基づくさらなる省エネ技術

計算において情報のエントロピー（情報量の複雑さ）が変化しない計算機は可逆計算機とよばれ，ランダウア限界を超える無限小のエネルギーでの計算が可能であると予想されている。可逆計算機とは入力から出力，あるいは出力から入力への双方向の演算が可能な計算機であり，計算における情報エントロピーの変化がない。ただし，ランダウア限界は思考実験に基づくものであり，実際の論理回路で実証されてはいない。私たちは，AQFP を複数組み合わせることで可逆計算が可能な可逆回路を構成できることを提案し，可逆 AQFP の消費エネルギーがランダウア限界以下になることを理論的に示した。図 5･2 に示したように，可逆 AQFP は AQFP に比べて 1 桁優れるばかりでなく，ランダウア限界を超える低エネルギー動作が可能である。

可逆 AQFP は，図 5･6 に示すように 6 つの AQFP で構成され，論理的・物理的な可逆性をもつため，演算時の情報のエントロピー変化がない。すなわち時間反転に対して対称性をもち，出力信号を出力から入力すると，入力信号を再現することができる。その演算エネルギーは動作周波数に比例して減少し，ランダウア限界を超えることができる。このような真の意味で物理的可逆性を有する論理

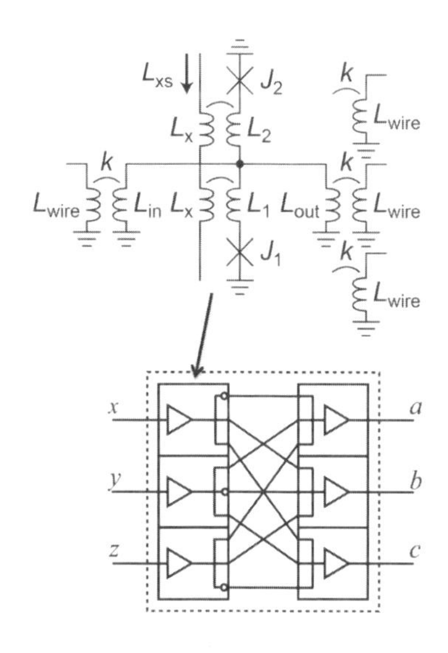

図 5･6 可逆 AQFP の構成

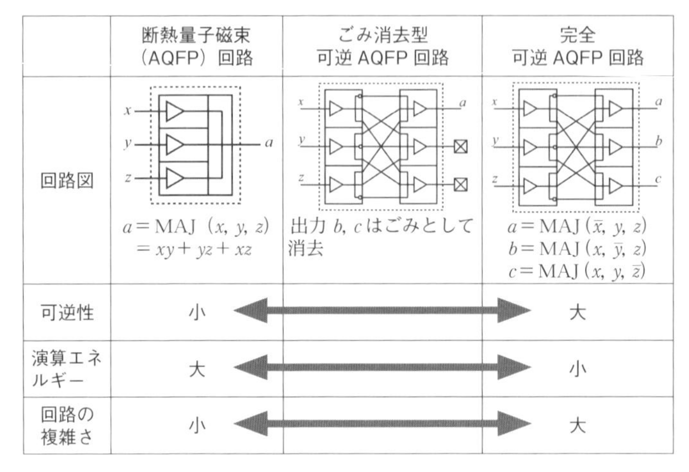

図 5･7　AQFP と可逆 AQFP の特徴

素子の実証例はこれまでになく，私たちが初めて実現することに成功した[10]。

図 5･7 に AQFP と可逆 AQFP の特徴を示す。完全可逆 AQFP は情報のエントロピーが完全に保存されエネルギー効率が最も高いが，回路が複雑であり，演算中に不要な情報（ごみ情報）が蓄積し，ハードウェア量が急速に増大する。一方 AQFP は，エネルギー効率は悪いがハードウェア量は少ない。可逆 AQFP においてごみ情報を逐次消去するごみ消去型可逆 AQFP は，エネルギー効率とハードウェア効率の面で両者の中間にある。これらの演算におけるエネルギー消費の極限値の研究を実際のデバイスで行うのは初の試みであり，低エネルギー AQFP で唯一可能になる。

5.1.5　リスク共生学に基づく今後の消費電力の予測

本項では，将来，日本のサーバを AQFP で実現した際の消費エネルギーの削減効果を予測する。前述の見積りでは CMOS の進歩をすでに考慮してあるので，ここでは CMOS 技術が AQFP に置き換わった場合のエネルギーの削減率を計算する。

検討に使用したプロセステクノロジーを表 5･3 に示す。CMOS は，2017 年時点で最小線幅は 15 nm であり，2025 年に最小線幅 5 nm のテクノロジが導入されると予想した。ただし，その後，微細化の進歩は止まり，消費エネルギーの削減効果はないと仮定した。AQFP では，ジョセフソン接合のサブギャップ抵抗

表 5·3　検討に使用した半導体 CMOS 回路と超伝導 AQFP 回路のテクノロジー

		2017年	2025年	2050年
CMOS	最小線幅 /nm	15	5	5
	EDP（32 bit ALU）/ps・fJ	16 000	1600	1600
AQFP	最小線幅 /nm	1000	500	50
	回路方式	AQFP	AQFP	可逆 AQFP
	サブギャップ抵抗とノーマル抵抗の比 R_{sg}/R_n	6.25	100	1000
	EDP（32 bit ALU）/ps・fJ	8.0	0.5	0.02
AQFP と CMOS の EDP の比		2.56×10^6	3.2×10^6	8.0×10^7

EDP：エネルギー遅延積。

R_{sg} とノーマル抵抗 R_n の比 R_{sg}/R_n がジョセフソン接合のよさを表し，この比が大きいほど消費エネルギーが小さくなる[14)]。R_{sg}/R_n の値は，2015 年にいまの約 20 倍程度に，2030 年に約 200 倍程度に改善されると仮定した。同様な性能向上への要求は，量子コンピュータの量子ビットでもあるため，それらの相乗効果により性能向上は達成可能と考えられる。CMOS と AQFP の性能の比較は 32 bit ALU の EDP（エネルギー遅延積）を計算して実施した。EDP は集積回路の 1 演算あたりのエネルギーと遅延時間の積であり，演算回路の性能指標として一般的に用いられる。32 bit ALU の構成と性能は文献[15)]を参考にしている。

以上を仮定して CMOS と AQFP の性能比を見積もると，2025 年に 2.56×10^6 倍，2050 年に 8.0×10^7 倍 AQFP が優れると予想できる。一方，AQFP は 4.2 K の極低温で動作させるため，冷却するための電力を考慮しなければならない。冷却コストは，冷却するシステムの大きさにも依存するが，低温部で消費された電力 10 W を冷却するために約 1000 倍，100 W 冷却するために約 400 倍の冷却コストがかかると見積もられている[2)]。ここでは，低温部で発生した電力の冷却のために，約 1000 倍の電力が室温で消費されると仮定した。

日本のサーバの総エネルギー量が，将来，AQFP の導入によってどれほど削減されるのかを予測した結果を図 5·8 に示す。サーバのエネルギー効率は，4.2 K への冷却コストも考慮して 2025 年に 2.6×10^3 倍，2050 年に 8.0×10^4 倍に改善されるものと予想した。また，全サーバに占める AQFP サーバの割合が，2025 年に 30%，2050 年に 50% になると仮定した。一方で，AQFP に置き換わるサーバがハイエンドとミドルレンジのハイパフォーマンスのもののみであることも予想される。その場合のエネルギー消費量の予想値を黒線で示した。図よ

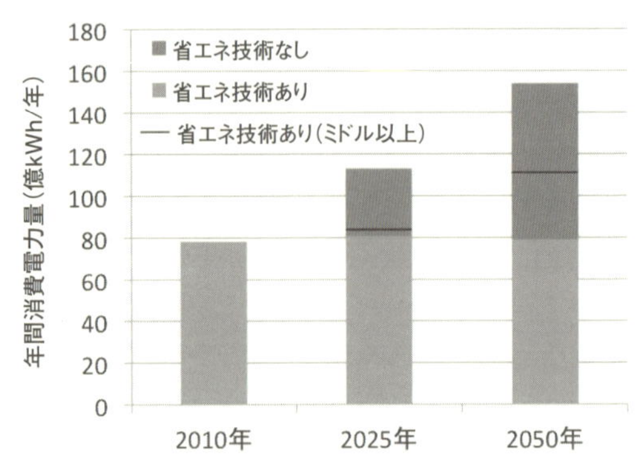

図5・8　日本のサーバの総エネルギー量の超伝導集積回路技術による削減効果の予測

り，AQFPによる省エネ化を行った場合，今後のサーバの性能向上を見込んでも，総エネルギー量が増えないことがわかる。一方，AQFPサーバの普及率が限定的な場合には，省エネの効果は，省エネ技術を取り入れない場合と取り入れた場合の中程度であることがわかる。

引用文献

1）NTTデータ経営研究所：平成24年度 我が国情報経済社会における基盤整備（IT危機のエネルギー消費量に関わる調査事業）報告書（2013）.
2）S. Holmes: Superconducting SFQ VLSI Workshop (SSV 2013), November 21, 2013, Yokohama, Japan.
3）A. Chloe: *PC Mag.*, September 17, 2010.（https://www.pcmag.com/article2/0,2817,2369306,00.asp）.
4）C. Bronk, K. Palem, *et al.*: Innovation for Sustainability in Information and Communication Technologies (ICT), Rice University（2010）.
5）R. Landauer: *IBM J. Res. Develop.*, **5**, 183（1961）.
6）A. Mukhanov: *IEEE Trans. Appl. Supercond.*, **21**, 760（2011）.
7）Q. P. Herr, A. G. Ioannidis, *et al.*: *J. Appl. Phys.*, **109**, 103903（2011）.
8）M. Hosoya, E. Goto, *et al,*: *IEEE Trans. Appl. Supercond.*, **1**, 77（1991）.
9）N. Takeuchi, N. Yoshikawa, *et al.*: *Supercond. Sci. Technol.*, **26**, 035010（2013）.
10）N. Takeuchi, N. Yoshikawa, *et al.*: *Sci. Rep.*, **4**, 6354（2014）.
11）N. Takeuchi, N. Yoshikawa, *et al.*: *Appl. Phys. Lett.*, **102**, 052602（2013）.
12）N. Takeuchi, N. Yoshikawa, *et al.*: *J. Appl. Phys.*, **117**, 173912（2015）.
13）T. Ando, N. Yoshikawa, *et al.*: *Supercond. Sci. Technol.*, **30**, 075003（2017）.
14）N. Takeuchi, N. Yoshikawa, *et al.*: *Supercond. Sci. Technol.*, **28**, 015003（2015）.
15）D. E. Nikonov, I. A. Yung: *IEEE JXCDC*, **1**, 3（2015）.

5.2　次世代情報社会を支えるセキュリティ技術の開発

新しい情報社会の概念がCyber Physical System（CPS）やInternet of Things（IoT）といった言葉で語られ，フィジカル世界あるいはサイバー世界からのデータの計測，その通信，蓄積，処理を踏まえた利用（フィジカル世界の制御を含む）と，その結果の確認，さらには保守管理などのすべての側面に関し，適切なセキュリティが求められる時代が到来しようとしている。安全・安心で持続可能な未来社会を実現するうえで，システム，サービスに対する悪意ある意図的な攻撃などの実態を解明し，有効な対策をとっていくことが求められている。フィジカル世界におけるセキュリティ，サイバー世界におけるセキュリティ，そしてフィジカル世界とサイバー世界の境界面でのセキュリティが求められ，未知の脅威にどう対応するかなども含め難しい課題が横たわっている。これに挑戦し次世代情報社会を支える情報・物理セキュリティ技術を追求していくことが必要である。

5.2.1　研究の背景と社会的意義

価値を創造する新たな情報社会をさし示す概念として，フィジカル世界における対象や事象を，計測によりサイバー世界におけるディジタルな対象や事象（ディジタルツイン）として把握し，分析・処理を行い，フィジカル世界の制御につなげるCPS（サイバー・フィジカル・システム，図5･9）や，その実現手段として，機器などに通信手段を組込み，きわめて多数の機器間の連携が行えるようにしたIoT（モノのインターネット）という超分散システムが考案され，日々構築がなされつつある。

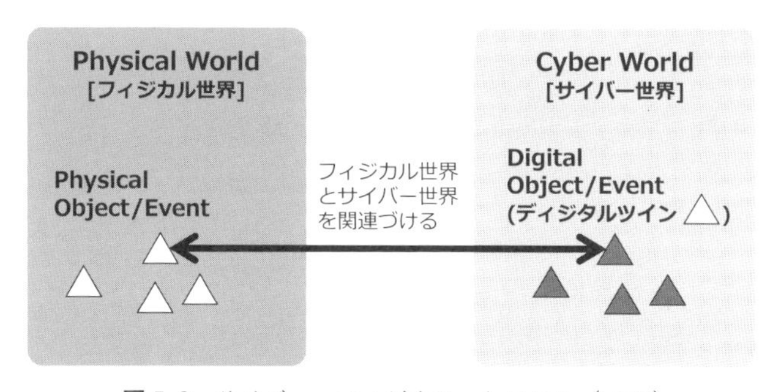

図5･9　サイバー・フィジカル・システム（CPS）

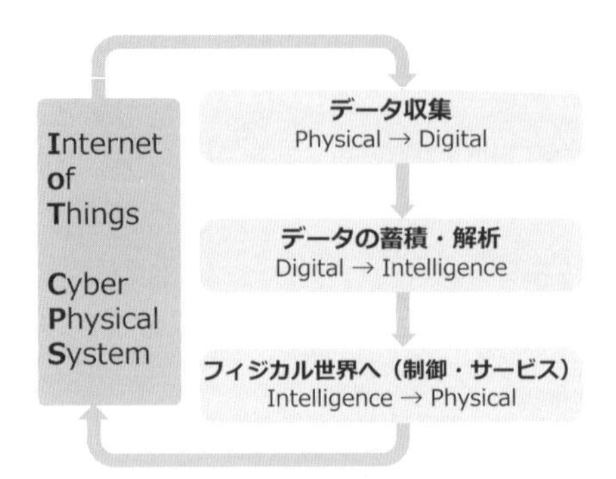

図5・10　CPSのプロセス

このため，CPSのすべてのプロセス（図5・10），すなわち，フィジカル世界あるいはサイバー世界からのデータの計測，その通信，蓄積，処理を踏まえた利用（フィジカル世界の制御を含む）と，その結果の確認，さらには保守管理などのすべての側面に関し，適切なセキュリティが求められる時代が到来しようとしている。安全・安心で持続可能な未来社会を実現するうえで，システム，サービスに対する悪意ある意図的な攻撃等の実態を解明し，有効な対策をとっていくことが求められている。

図5・11にIoTを機器面から捉えた全体像のモデルの一例を示す。センサやアクチュエータなどは末端ノード（X）を構成する。多数の末端ノードからネット

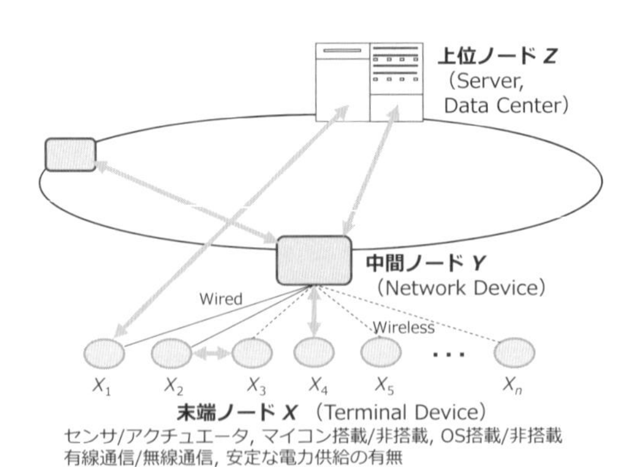

図5・11　IoTのモデル
あらゆるモノがネットワークによりつながることによって新しい価値を創造する情報社会。

ワーク機器である中間ノード（Y）を経て大量のデータが上位ノード（Z）に送られる。データの処理は，末端ノード，中間ノード，上位ノードでそれぞれ行われ得るが，ここではおもに上位ノード（クラウド）がそれを担当するものと考えよう。

図5･11においては，以下のような脅威が存在すると考えられる。

- X，Y，Zの改竄，不正な書換え/X，Y，Zへのなりすまし
- X，Yの仕様と機能の乖離
- 不正情報の混入/情報漏洩
- 計測，処理，制御に対する攻撃
- 可用性に対する攻撃
- 人命，生活，産業，経済，社会に対する攻撃
- 攻撃側の手先にされる可能性

次に，IoTのアーキテクチャの展開についての仮説を図5･12に示す。上位ノードから末端ノードまでが（交通，産業，ヘルスケアといった）ドメインや企業グループごとに垂直統合的に管理されデータの交換はクラウドを介して行われるといったアーキテクチャが，現在進行中の多くのIoTシステムの姿であるが，将来は，ドメイン，事業主を問わず，IoTのさまざまなレイヤ間でデータ流通のメッシュ化，サービスの多層化，仮想化が進み，複数のステークホルダーが多様につながるかたちになっていくことが期待されているのではないかと考えられ

1（2020年頃まで？）

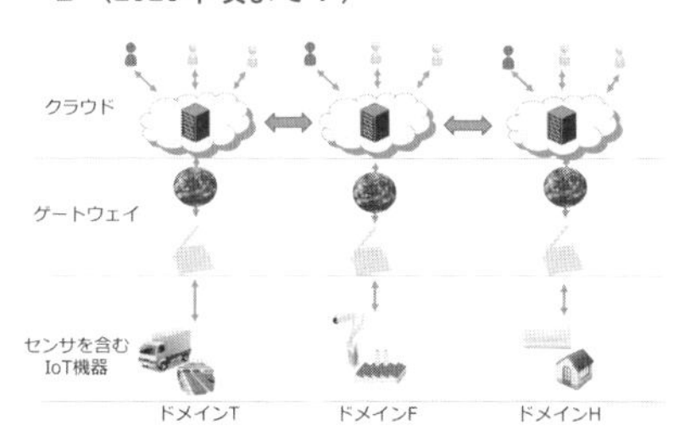

やや閉じたIoT

- ■ 現在はドメインあるいは事業主ごとに，垂直統合でIoTアーキテクチャが構成されている。
- ■ ドメイン間あるいは事業主間で，クラウドを介した部分的な情報交換は行われる。

2（2030年頃には）

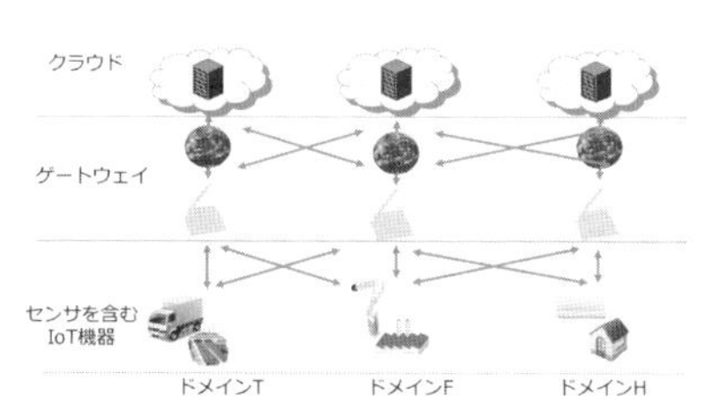

オープンなIoT

- ■ ドメイン，事業主を問わず，IoTのさまざまなレイヤ間でデータ流通のメッシュ化，サービスの多層化，仮想化が進む。
- ■ 複数のステークホルダーが多様につながる究極のIoTに向かって展開する。

図5･12　IoTアーキテクチャの展開（仮説）

る。そのような形態に健全に進むためには，適切にセキュリティが確立され維持されていくことが必要である。このために情報・物理セキュリティの研究開発が不可欠であるが，横浜国立大学は1980年代初頭から同分野を開拓してきた。

5.2.2　リスク共生における位置づけ

情報・物理セキュリティ分野のアプローチは，悪意による意図的な攻撃を脅威であると捉え，これにいかに対抗するかを検討する。その際，現実に起きている脅威だけでなく可能性のある脅威も可能な限り網羅的に洗い出す。そして，対象とするシステムが，リストアップされた脅威に対して十分にセキュアであるかどうかに関するリスクを分析し，目標とされるリスクが満たされるようにシステムに対するセキュリティ上の強化策（対策）を導入する。その際，誰を（何を）信頼するのか，どう信頼するのかというトラストの問題と，さまざまなセキュリティやそれとかかわるプライバシーや経済性や責任性や社会的信用性の問題などが複雑に絡み合う可能性があり，セキュリティ分野に限定しても（さまざまなリスクのポートフォリオ的観点からの何らかの方針に基づく最適化を行うという）リスク共生の考え方が必要となる。また，意図的な攻撃とは限らない，故障やヒューマンエラーなどを対象とするセーフティ（安全）分野にまたがるリスク共生は，CPSにおいては，とくに重要な観点となる。

5.2.3　研究の方法論

情報・物理セキュリティは，対象のモデル化，セキュリティ上の脅威の把握，システムの脆弱性の把握，リスク分析，脅威に対抗する技術の開発，適用，セキュリティ保証などにより支えられる。

IoTシステムにおける脅威を5.2.1項で簡単に示したが，CPSという大きな枠組みの段階で，そもそもどのような種類の脅威があるかを整理しておきたい。まず図5･13のように，フィジカル世界におけるさまざまな脅威（攻撃）として，例えば，機器を差し替える，文書を改竄する，情報を盗み見する，詐欺を働く，金庫を破る，鞄をひったくる，運転者の目をくらます，人を誘拐する，殺人を犯す，ビルを爆破する，電力線を遮断する……など，さまざまなものがあることは明らかである。フィジカル世界における脅威は，フィジカル世界にとまるものもあろうが，CPSにおいては当然サイバー世界にも影響を及ぼすことを考えなければならない。

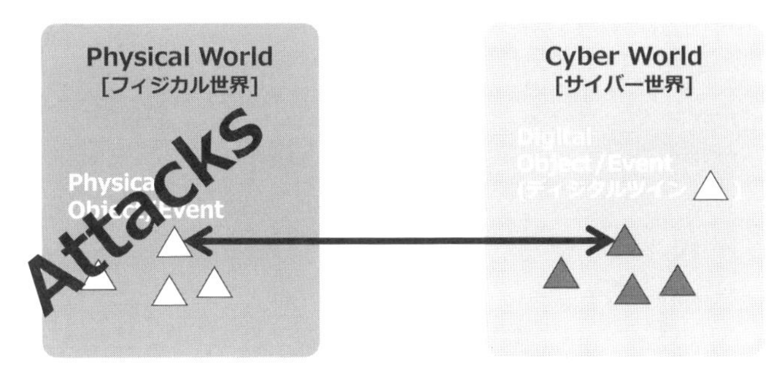

図 5・13 フィジカル世界の脅威はサイバー世界にも及ぶ

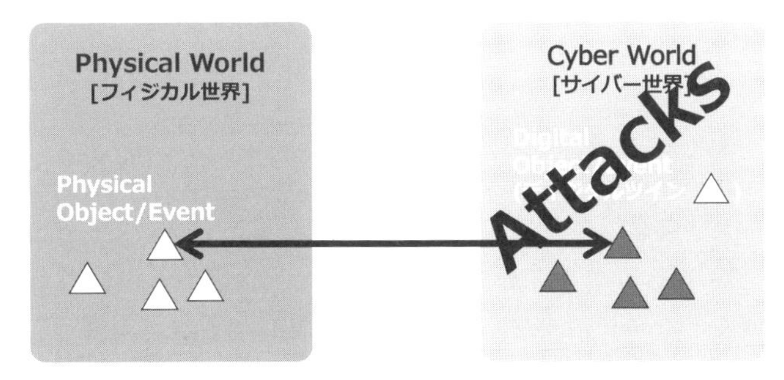

図 5・14 サイバー世界の脅威はフィジカル世界にも及ぶ

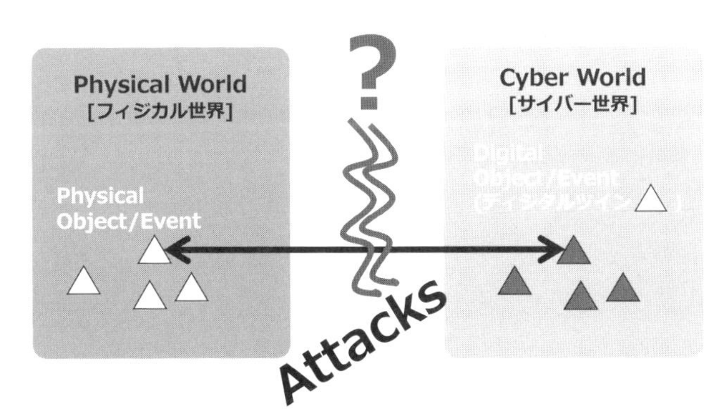

図 5・15 フィジカル世界とサイバー世界の対応を揺るがす脅威

また，同様に，図 5・14 のように，サイバー世界においては，情報の盗聴，改竄，破壊，機器やソフトウェアの窃取，改変，破壊，システムへの侵入，乗っ取り，破壊，デマの流布など，脅威は数多いが，それらは CPS においてはフィジ

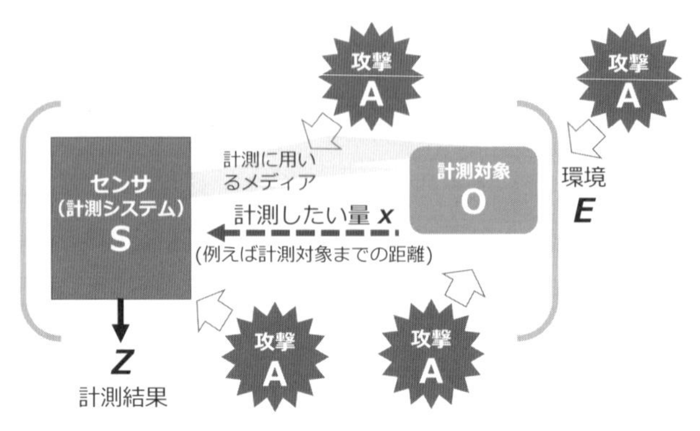

図 5·16 計測セキュリティにかかわる脅威
1. 計測結果が実際と異なる
2. 計測できない
3. 何を計測しているか暴かれる

カル世界にも大きな影響を及ぼすおそれがある。

加えて，CPS であるからこそ登場する脅威で，今後とくに問題となるであろう，対象や事象とそのディジタルツインの対応関係の確かさを揺るがそうとする攻撃に注意されたい（図 5·15）。対応関係の確保を暗黙の前提としてはならないということである。このようなフィジカル世界とサイバー世界の境界面のセキュリティの代表的なものとして，計測セキュリティ（instrumentation security）がある（図 5·16）。これは，センサに係るセキュリティであり，図 5·17 に示すように，計測部分と制御部分の両方に登場する。図 5·17 は CPS にかかわるセキュリティの要点をまとめたものである。

さて，脅威の分析を行うと，対処すべき技術的な課題も見えてくる。システムへの攻撃はおおよそ図 5·18 のように分類できる。このような枠組みを手掛かりに具体的な攻撃の方法やその応用としてセキュリティ評価技術を整え，また個々の攻撃に対抗するセキュリティ強化技術を開発することとなる。それらは，図 5·19 に示すセキュリティ保証の仕組みに寄与するものである。

5.2.4 具体的事例

情報・物理セキュリティ研究ユニットで扱う研究テーマの全体像を図 5·20 に，また個々の研究テーマ例を図 5·21 に示す。このように多岐にわたる研究テーマの中から以下では最新のトピックを具体的に紹介する。

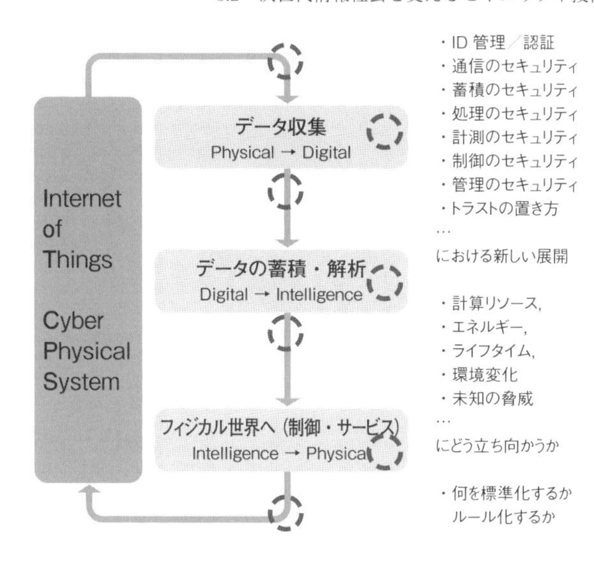

図 5・17　CPS の研究課題

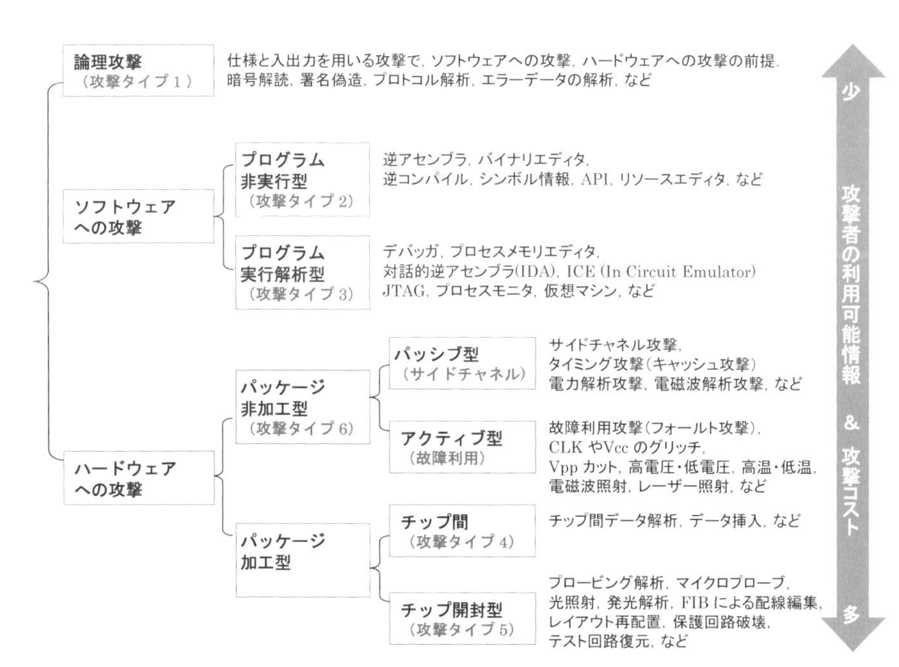

図 5・18　システムに対する攻撃法の分類

［松本 勉，大石和臣，高橋芳夫：情報処理，**49**(7)，799(2008)］

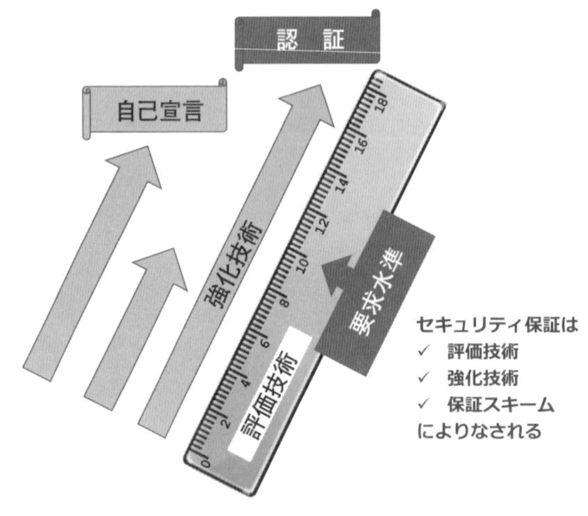

図 5･19　セキュリティ保証

a. IoT における機器の脆弱性調査とサイバー攻撃の観測

2015 年より IoT におけるサイバー攻撃を観測するおとりシステムであるハニーポットを世界で初めて構築・運用し，最新のサイバー攻撃動向を継続的に調査している。ハニーポットの構造を以下の図 5･22 に示す。ハニーポットはコアシステムを大学内において実現し，脆弱な IoT 機器を模擬したネットワーク通信の応答を生成する。さまざまな国・地域に設置したプロキシセンサに届く攻撃は大学のコアシステムに転送され，応答が生成される。コアシステム内部では，脆弱な機器の応答を蓄積したデバイスプロファイルが多数用意されており，さまざまな機器の応答を模擬することができる。これに加えて，新規の攻撃通信に対応するために実際の脆弱機器も用意し，未知の攻撃通信が観測された場合には，これらの実機に転送することでしかるべき応答を得る仕組みになっている。生成された応答は各国のセンサに転送され，そこから攻撃元への応答として返信される。これにより，各国のプロキシセンサに届く攻撃通信をすべて大学で把握することができるうえ，協力組織におけるシステムの運用コストを下げ，より多くの組織からの協力を得られる仕組みになっている。

2017 年 11 月現在では，観測網を 13 カ国・地域に拡大し，4 万以上の不正プログラム（マルウェア）を収集，解析しており，20 カ国以上，50 以上の研究開発組織，セキュリティ対策組織に情報提供を行っている。収集したマルウェア検体

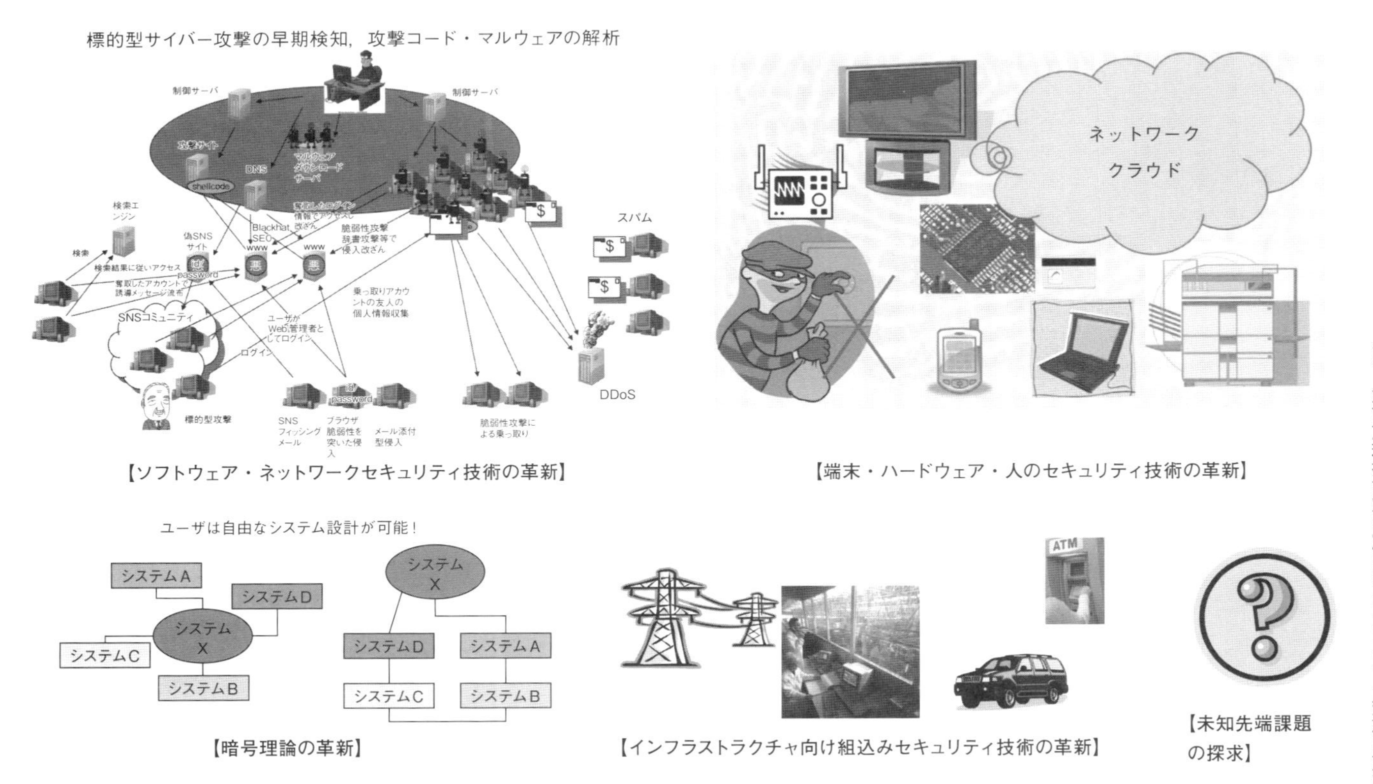

図 5・20　研究テーマの全体像

ソフトウェア・ネットワークセキュリティ技術の革新	端末・ハードウェア・人のセキュリティ技術の革新	暗号理論の革新
・高度マルウェア対策 ・Webセキュリティ ・標的型攻撃対策 ・Androidセキュリティ ・IoTシステムセキュリティ ・制御システムセキュリティ ・超大規模サービス妨害攻撃対策 ・その他	・バイオメトリクス ・ナノ人工物メトリクス ・ハードウェアセキュリティ ・自動車セキュリティ ・計測セキュリティ ・サイバーフィジカルセキュリティ ・超小型公開鍵暗号実装 ・超高速ペアリング暗号実装 ・その他	・高機能暗号 ・耐量子計算機公開鍵暗号 ・情報理論的暗号 ・汎用的結合可能暗号 ・ゲーム理論的暗号 ・その他

図5・21　研究テーマ例

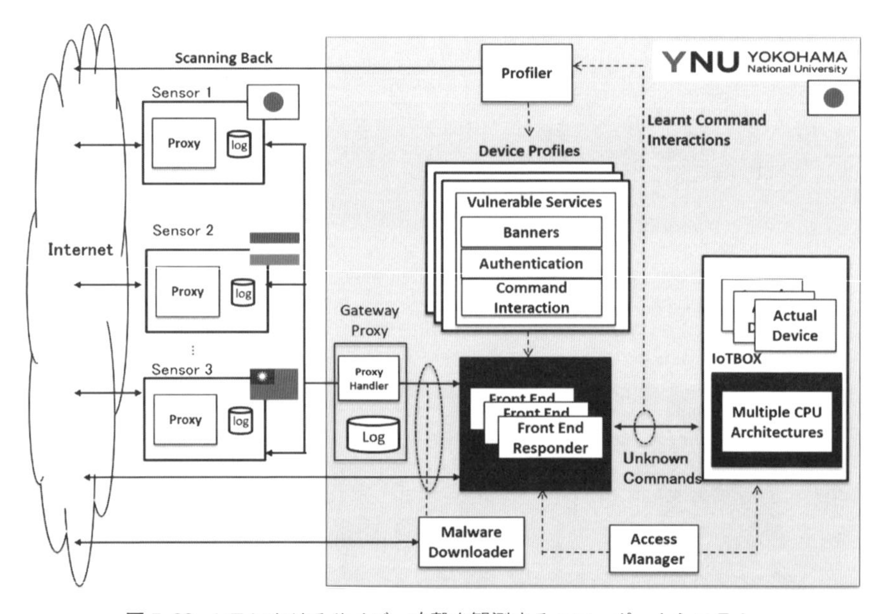

図5・22　IoTにおけるサイバー攻撃を観測するハニーポットシステム

は15分以内にサンドボックスといわれる挙動解析システムに自動投入され，そのふるまいを分析できる。

加えて，国内ネットワークに対して広域スキャンを行い，重要インフラ施設を含む重要施設に設置された機器が認証の不備などのセキュリティ問題，脆弱性を有しているケースを多数発見し，公的機関に情報提供を行っている。

b. 計測セキュリティ

IoT 時代に向けて，データ取得・収集段階および制御結果の確認段階における“計測セキュリティ”はまだ手薄な状況にある。センサ（計測システム）への攻撃は以下の 3 つに大別できる（図 5･16 参照），

1）誤った計測結果（偽のセンサ出力）をもたらそうとする攻撃

2）計測をできなくする DoS（攻撃サービス不能）攻撃

3）どのような計測を行っているかを暴く攻撃

自律制御，自動運転，ロボット，医療機器や社会インフラなどのあらゆるシステムを含む今後の IoT において，これらの攻撃に由来する誤動作や停止は，人命・身体・社会システムの深刻な危険にもつながる大きな脅威である。

例えば図 5･23 のように，自動運転車が歩行者までの距離を実際より長いと誤って判断すれば急ブレーキをかけず歩行者と衝突する可能性がある。また，実際より短いと誤って判断すれば急ブレーキをかけ後方の自動車から追突される可能性がある。これらの近未来の脅威にかかわるリスクを低減するために“計測セキュリティ（instrumentation security)”分野を確立することを目指して評価技術・強化技術の研究開発と保証スキームの社会実装を目指して研究している。

図 5･24 は，能動的計測センサの代表例である ToF（Time of Flight）方式の LIDAR（light detection and ranging）の説明であり，霧までの距離と霧の先にある対象物までの距離の双方が計測される状況を示している。パルス状の赤外レーザー光を対象に向けて発射し，対象から反射して受光されるまでの時間を距

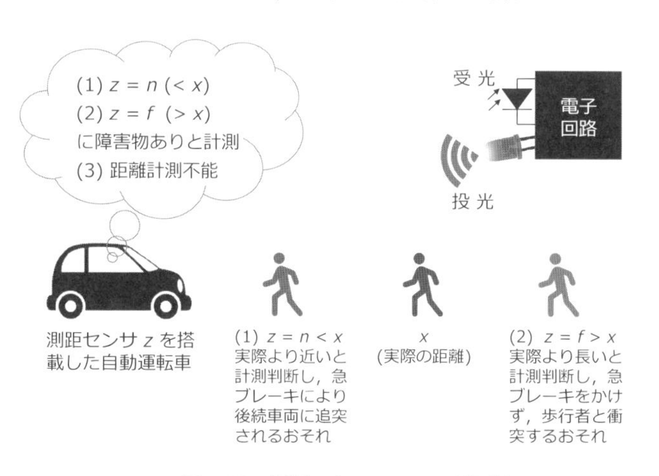

図 5･23 計測セキュリティの重要性

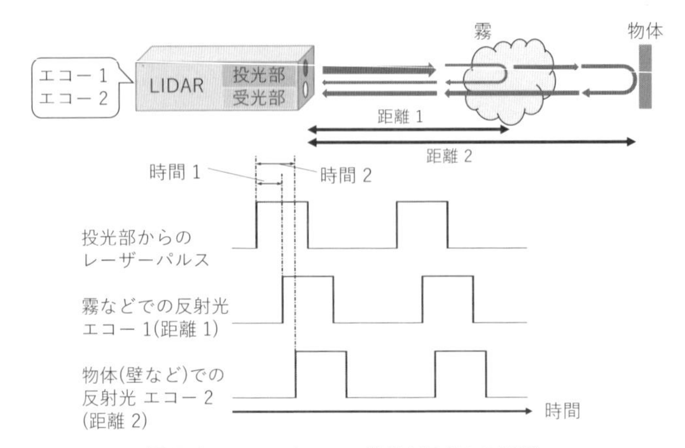

図 5･24　マルチエコー検出 LIDAR の原理

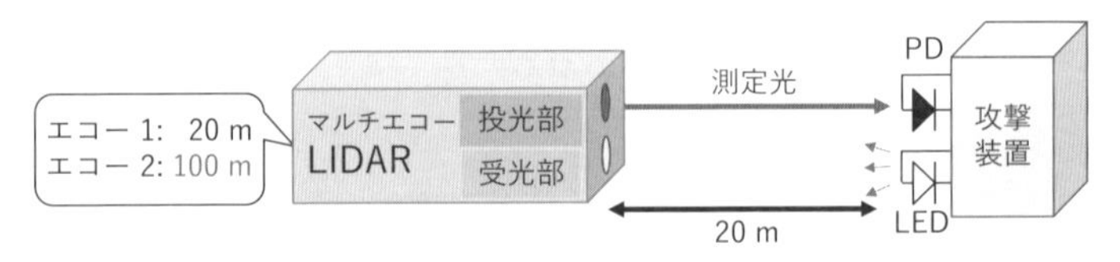

反射光偽装攻撃として，測定のための光がセンサに放射される → 距離偽装

攻撃装置の存在 ＼ 距離偽装タイプ	検知される	検知されない
実際よりも遠くに距離偽装	[1], [2]	[3]
実際よりも近くに距離偽装	[3]	

図 5･25　マルチエコー検出 LIDAR の計測セキュリティ評価

[1] J. Petit, B. Stottelaar, M. Feiri, F. Kargl：Remote Attacks on Automated Vehicles Sensors: Experiments on Camera and LiDAR, Black Hat Europe 2015.
[2] K. Soma, D. Fujimoto, T. Matsumoto：*IEICE Tech. Rep.*, **116**(15), 37(2016).
[3] K. Soma, D. Fujimoto, T. Matsumoto：Instrumentation Security of a Ranging Pulse LIDAR System Against Reflected Light Spoofing, IEICE Symposium on Cryptography and Information Security, SCIS 2017, 2E1-2, Okinawa, January 2017.

離に換算する。

図 5･25 に，LIDAR に対する計測セキュリティ評価方法に関する研究成果を示す。LIDAR から発射された測定光を模擬攻撃装置の受光素子から得た信号を電子回路で遅延させた後に発光素子を駆動し，偽装反射光を LIDAR に受光させると LIDAR は騙されて，実際より大きい距離を出力する可能性がある。また，測定光が周期的なパルスである場合は，今のパルスの遅延を大きくして次のパル

スに偽装するとLIDARが騙されて，実際より小さい距離を出力する可能性がある。さらに模擬攻撃装置そのものにおける測定光の反射がLIDARに捕捉されれば模擬攻撃装置の存在をLIDARが検知できる可能性があるが，別の工夫により検知ができないような工夫も可能である。

このように，自動車，ロボット，ドローン，産業システム，ビル，道路，鉄道，警備システムなど，計測や制御が登場するどの領域においても計測セキュリティは今後の情報社会の健全な発展に不可欠な基盤技術だといえる。よって，ここで紹介した計測セキュリティの評価技術のほかに，強化技術の研究や，基準の設定と保証スキームに向けた活動も実施している。

c. 高機能暗号と耐量子計算機暗号の構成理論

長期の安全性の実現を可能にし，量子コンピュータ等の強力な計算技術に対しても安全な暗号技術の研究開発は学術的にも実用的にも重要である。そのような暗号技術として，情報理論的暗号技術があげられるが，情報社会で期待されている多様で複雑な情報処理やデータ通信（クラウド計算，ビッグデータ解析，IoTなど）のセキュリティの核を，情報理論的立場から構築するには当該分野における既存研究を飛躍的に発展させる必要があった。そのため，本研究ユニットは，情報理論的安全性の立場から，さまざまな高機能暗号・認証技術を世界で先駆的

表5·4 高機能な暗号システムの構成

暗号系システム	高機能性	新規性
ステガノグラフィ	暗号文の存在の秘匿	最強の安全性
認証機能つき暗号	データ守秘性と改竄検証可能	最強の安全性
匿名暗号	ユーザ匿名化	初めての提案
鍵隔離暗号	鍵更新機能	初めての提案
タイムリリース暗号	タイムリリース機能	初めての提案
無効化機能つき暗号	復号権限者の変更	初めての提案

表5·5 高機能な認証システムの構成

認証系システム	高機能性	新規性
電子署名	ディジタル証拠性	最強の安全性
相手認証	相手ユーザの認証	最強の安全性
匿名認証，グループ署名	ユーザ匿名化	初めての提案
グラインド認証	データ匿名化	初めての提案
アグリゲート認証	アグリゲート機能	初めての提案
鍵隔離認証	鍵更新機能	初めての提案
タイムリリース認証	タイムリリース機能	初めての提案

に研究開発してきた。具体的には，さまざまな暗号・認証システムの高機能性に対して，新しい安全性概念を定式化し，それらを実現するシステムの構築を世界で先駆的に研究開発してきた。

本研究ユニットがこれまでに構築したシステムに関して，表5·4に暗号システムに分類されるものを，表5·5に認証システムに分類されるものを示す。表5·4では，情報理論的安全性の立場から，本研究ユニットが研究開発に成功した高機能暗号システムをまとめている。これらシステムでは，データの守秘性を実現する基本的な暗号化機能に加えて，どのような高機能性が追加的に実現できているのかを“高機能性”の欄で説明している。表5·5では，情報理論的安全性の立場から，本研究ユニットが研究開発に成功した高機能認証システムをまとめている。これらシステムでは，データの改竄検知機能を実現する基本的なメッセージ認証機能に加えて，どのような高機能性が付加的に実現できているのかを“高機能性”の欄で説明している。

5.2.5　ま　と　め

本節では，CPS（サイバー・フィジカル・システム）における脅威とセキュリティについて，私たちの研究の意義，方法論，活動と成果などを，事例を交えて紹介した。現在の社会は，すでに膨大な数の機器の間に張り巡らされたネットワークの上を，多様で莫大な量の情報が駆け巡ることで成り立っている。次世代の情報社会に向けて新たな価値創出を求める動きが加速すれば，ネットワーク化された機器数や流れる情報量の拡大だけではなく，リスクの種類の多様化も同時に進行することが見通せる。まさに本格的なリスク共生が求められる時代が訪れようとしている。私たちは，このような認識のもと，新しい情報社会に向けて，情報・物理セキュリティ技術の追求に力を尽くしている。

5.3　安心を支える医療 ICT の標準化（規格）とシステム構築

少子高齢化社会では，離隔地の独居老人の医療介護や都心部の共稼ぎ世代の子育てなどに安全で経済的，かつ持続可能な医療情報システムは不可欠なものである。そこでは，高度な情報通信技術（information and communication technology：ICT）を活用した医療情報システムの整備が求められる。すなわち，インターネット，携帯電話網などのインフラストラクチャネットワークと Wi-

Fi，センサーネットワークなどのアドホックネットワークなどの IoT（Internet of Things，モノのインターネット）や M2M（Machine-to-Machine，マシン・ツー・マシン）を活用した医療情報システムを構築することである。そうすることで，無医村などの離隔地だけでなく，いつでもどこでも誰もが ICT を活用した診断と治療が受けられる便利で安全，経済的な医療社会システムが実現する．そのためには，まず，医療情報システムを信頼性，情報セキュリティの面で医療・ヘルスケアに適した水準まで高度化しなければならない。

時々刻々と変化するバイタル情報を遠隔地の医療機関でモニターし，それによって診断と治療を行うオンライン診療を考えると，現在のインターネットや携帯電話網などよりも高い信頼度と情報セキュリティが保証された頼りになる（ディペンダブル）な医療情報システム，言い換えれば雑音，干渉，妨害などによる誤り，切断に対して強く保護され，復旧や更新が容易なディペンダブルネットワークが求められる。

医療 ICT 研究ユニットでは，医療用無線ボディエリアネットワークシステム（body area network：BAN）に関する基礎研究のほか，国際標準化と国内外での事業化による普及促進を産学官連携により推進し，加えて医療機器の安全性，信頼性とリスク共生を科学的に議論するレギュラトリーサイエンスの分野に重点をおいて研究を進めている。

5.3.1　医療の安全性を確保する科学技術，法制化，標準化による社会実装の実績

世界的に医療 ICT 分野の研究開発は今世紀に入ってますます活発化している。横浜国立大学では，2002 年に文部科学省 21 世紀 COE プログラム，2008 年にグローバル COE プログラム「情報通信に基づく未来医療情報基盤創生」が採択され，医療情報システムの課題解決のための研究を進めている。なかでも，医療用無線 BAN は，先端医療を支える医療 ICT の中核である。それは，BAN に診断や治療に必要な生体センサや支援・手術ロボットなどを接続してインターネットや携帯電話網などを介して遠隔地でも医療機関，専門医の高度医療を享受できるからである。診療科に応じてそれらを付け替えることにより，BAN は共通に活用できる医療における IoT のコアをなす。私たちは，先端研究開発はもとより，先端研究を通じた人材育成，および国内外の大学，研究機関，企業との連携による社会実装を進め，それによる新しいグローバルビジネスの創生を目指してい

る。そして，プログラム終了後には，全学組織の未来情報通信医療社会基盤センターを創設し，そこを医療ICT分野の世界的な拠点として，医工融合・文理融合領域の研究，教育，標準化，法制化などを推進している。センターの活動は，医学と工学の2つの博士号を授与する横浜型ダブルディグリー制を横浜市立大学医学研究科と連携して人材を育成し，医療用BANの国際標準IEEE 802.15.6の策定を中心的に主導し，新医療機器によるビジネス創生やレセプト管理・電子カルテによる効率化により医療経済や病院経営など多岐にわたってイノベーションを創生している。

また，医療ICTユニットとしては，前項の目的・目標のもとに次の研究を実施している。医療ICTで扱う情報は，心電図，脳波などのバイタル情報や外科ロボット，ウェアラブルインスリンポンプなどの制御情報，環境情報など，医療におけるリスクとベネフィットを見える化，定量化に使われる。これらの情報は，人命にかかわる高度な個人情報や制御情報であり，(1) 従来のICTのように平均的な性能を保証するばかりではなく，最悪な性能も明示することで医療に適したきわめて高い信頼性を保証する頼りになる（ディペンダブルな）医療サービスが実現できる。また，(2) 法制上は，医療機器に関する安全基準を定める医薬品医療機器等法（通称，薬機法）の承認が必要である。さらに，(3) 国などの公的な運営だけでなく，民間企業による社会サービスとしてのビジネスが成立し，持続可能でなければならない。以下に，代表的な活動と成果を紹介する。

（ⅰ）医療に適した超高信頼の保証　通信の信頼性については，先端ICT超広帯域（ultra wide band：UWB）無線通信技術を軸としたIEEE 802.15.6の規格が2012年2月に国際標準化された（p.117参照）。ここで制定された医療用無線BANは，家電用無線LAN（Wi-Fi）に比較して干渉妨害や伝搬環境の悪い状況でも低い誤り率とブルートゥース（Bluetooth：BT）の数百倍にのぼる伝送容量を規定している。また，電力スペクトル密度は医療機器から出る雑音より低く抑えられ，人体やペースメーカなどの医療機器に与える影響も最小限である。ここで特筆すべきは，この規格に本研究ユニットの研究成果である特許技術が含まれていることである．私たちは，標準化活動の成功を生かし，現在も，さらに信頼性を強化するための研究と国際標準化の改訂IEEE 802.15 IG-DEP（Interest Group on Dependability）を進めている。

（ⅱ）薬機法承認取得の支援　薬機法とは，「医薬品，医療機器等の品質，有効性及び安全性の確保等に関する法律」の略称であり，医療機器はこの法律の

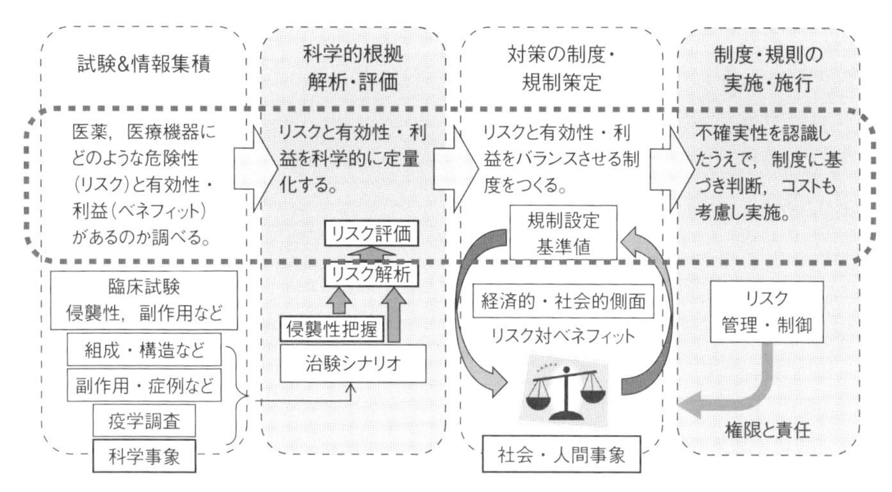

図 5･26　リスク共生を実現するレギュラトリーサイエンスの概念と役割

規制に適合し，期待される有効性とそれに伴う危険性の程度に応じて，厳格な審査を経て法的に公認されなければ，保険収載され保険点数や診療報酬が得られない。とはいえ，新しく開発された機器には，守るべき規制が定められていないので，規準をつくるところから始めなければならない。私たちは，レギュラトリーサイエンスの考えとプロセスによって，医療機器の規制を策定・施行する支援をしている（図 5･26）。まず，ステップ 1 として，新しく開発された医療機器（医薬品も同様）の有効性（ベネフィット）と医療現場での使用経験がないことに伴う危険性（リスク）を科学的に定量化する。ステップ 2 では定量化されたベネフィット対リスクのバランスを解析・評価する。ステップ 3 では，安全性を保証できる許容値（範囲）を導出し，専門家以外にもわかる通訳，説明を加えてレギュレーション（規制）の技術基準を定める。最終段階のステップ 4 では，その規準での機器を評価する測定法や手順を定め，レギュレーションに適合するか否かの審査を実施する。レギュラトリーサイエンスで最も重要なことは，いかなる技術や薬剤でも 100％の安全性は保障できないことをわきまえ，残る不確実性と満たせる安全性の度合いに応じてかかるコストも明示することであり，利用者（患者など），医療従事者，製造者などのすべてのステークホールダ（関わる人）の間で合意を形成することである。

これに関して，「かながわ医療機器レギュラトリーサイエンス（MDRS）センター」（2014 年 10 月に神奈川県受託事業として設立）では，MDRS 研究会を原則として毎週開催し，科学技術が医療にもたらすメリットとデメリット，リスク対ベネフィットの解析や測定法など，自然科学と経済・法律などの社会科学とが融合した研究と教育に貢献している．

（iii）　持続可能なビジネスとしての社会サービス支援　　かながわ MDRS センターでは，55 社以上の企業を組織してコンソーシアムをつくっている。コンソーシアムでは，毎月全体会合を行うほか，分科会活動やメンバー企業と横浜国立大学による公募プロジェクト応募，医療機器の国内外展示会 MEDTEC，MEDICA における共同展示や，毎年，国内外の関連企業間のビジネスを促進する MDRS セミナー，学術成果を国内外の学会で発表する医療 ICT シンポジウム（SMICT，ISMICT）の開催などを行っている。さらにフィンランドの企業 University of Oulu Research Institute Japan-CWC 日本株式会社（http://cwc-nippon.co.jp/）との協業などビジネスコーディネーションによる医療 ICT 産業の推進に貢献している。

University of Oulu Research Institute Japan-CWC 日本株式会社は，フィンランドのオウル大学が大学の研究成果を社会実装・ビジネス化を目的に，横浜に設立したものである。オウル大学と横浜国立大学は 21 世紀 COE やグローバル COE プログラムを共同実施した縁で，研究と教育について包括協定を締結している。両大学は，協働して先端研究や企業による OJT（On the Job Training）型人材育成を実施し，医療福祉，災害対策などの社会サービス，自動車，エネルギー産業などの民間ビジネス，神奈川県や各省庁による公共インフラに貢献している。

5.3.2　リスク共生における医療情報通信システムの位置づけ

さて，“リスク共生”において，医療情報システムは人間の生活，生命にかかわる最も重要な対象であるといっても過言ではない。

例えば，余命 3 ヵ月を告げられた患者が，新たに開発された医療機器を用いて手術を行えば，5 年生存率を 80％に上げられる可能性（ベネフィット）があるとする。しかし，この手術には危険性（リスク）や，予測できない不確実性があり，少なくない経費（コスト）も必要である。患者とその家族が，手術を受けるかどうかを自ら判断するためには，ベネフィットだけでなく，リスクや不確実性，コストも含めて判断する材料を得ることが必要である．そのためには，インフォームドコンセントに基づき，医師が患者や家族に十分理解できるように伝え，患者と医師が，治療と診断のためのリスクとベネフィットの情報を，不確実性とコストを考慮したうえで共有し，合意を得ることが重要である。レギュラトリーサイエンスは，このように，医療の現場における命にかかわる意思決定に，リスク共生の視点から科学的，論理的な手段を与えることができる。

医療情報通信システムに関する国際標準（規格）

近年のヘルスケアブームの中で腕輪型，腕時計型，指輪型などのヘルスケア向けデバイスが市販されている。このようなデバイスでは，計測データはブルートゥース（BT）やWi-Fiなどの家電用無線技術によって伝送されている。これらの無線伝送方式では，通信性能は，データ誤りの確率や接続の安定性によって決まり，電波の通りやすさや室内外の別などの利用環境，同時に無線通信を利用している利用者数などに依存する。使用条件が最も悪い場合の性能，すなわち最低性能が保証されていないことから，本来は人命にかかわる医療用途には適していない。それを承知で多くのデバイスで利用されているのは，ほとんどすべてのスマートフォンで接続できる接続性，普及度や消費電力の小ささなどの利便性のためである。

医療・ヘルスケアにかかわらず，一般的に無線ネットワークはその規模からWAN（wide-area network），MAN（metropolitan-area network），LAN（local-area network），PAN（personal area network）などに分類され，これらはIEEE（The Institute of Electrical and Electronic Engineers，米国電気電子学会）などの国際機関において国際標準として策定されている（図5･27）。2012年，IEEEは新しいネットワークの国際標準としてIEEE Std 802.15.6-2012-

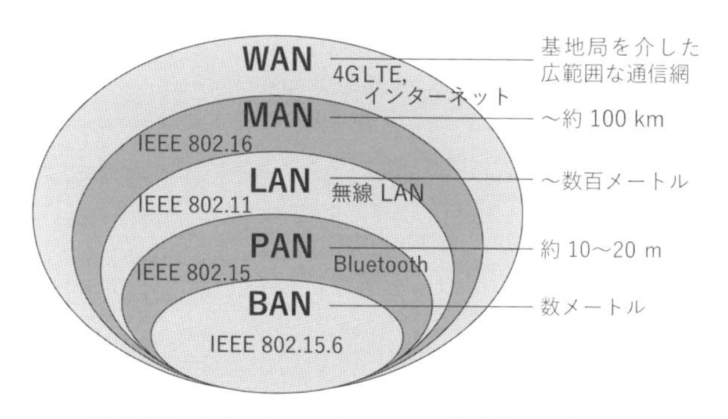

図5･27　各ネットワークにおける代表的な通信範囲

IEEE Standard for Local and metropolitan area networks-Part 15.6: Wireless Body Area Networks（以下，IEEE 802.15.6）を発行した。この標準の策定作業は2008年1月に始まった。日本ではじめに述べたグローバルCOEプログラムを共同実施した国立研究開発法人（当時は独立行政法人）情報通信研究機構（NICT）が中心となり，横浜国立大学，横浜市立大学をはじめとする7大学，20以上の企業が参加する産官学連携コンソーシアムを結成して検討を進めた。そこで作成した国際標準化案をIEEEに申請し，そこで米国，欧州，韓国などからの標準案と合わせて審議された。標準技術仕様は2012年2月に公開されたが，そこには日本の要素技術や特許技術が盛り込まれていて，国益につながる成果を上げたということができる。IEEE 802.15.6には，人体の近傍，体表もしくは体内（インプラント）の生体センサや，ウェアラブルインスリンポンプや外科手術ロボットなどのアクチュエータと外部と接続する短距離無線通信のための標準規格が定められている。製造メーカによらない相互接続が保証され，満たすべき機能や性能が定義されているが，とくに，医療用を対象とし，重要な通信データの誤り確率を低く抑える低誤り率特性，情報を遅延なく伝える低遅延特性に加え，電波が人体に与える熱的影響や比吸収率（specific absorption rate：SAR）などの人体へ与える侵襲性が考慮されている。すでにIEEE 802.15.1（Bluetooth），15.4（Zigbee）などで規定され普及しているPANと比較し，心電図（ECG），動脈血酸素飽和度（SpO2），脳波（EEG）などの異なる生体情報の情報量，頻度，重要性に応じた信頼性を確保するとともに，効率や経済性を考慮した新規の先端アーキテクチャ，無線通信方式を規定する物理層，複数のユーザーやデータのやり取りの情報のトラフィック整理を規定するメディアアクセスコントロール（media access control：MAC）層要素技術が導入され，学術上においても，信頼性，安全性，セキュリティなどのディペンダビリティ（dependability）の新たな概念の創生とその実現上の複雑度や消費電力などを科学的に明示することができた。

BANはとくに，無線ネットワークの標準規格としてIEEE 802.15ワーキンググループがWireless Personal Area Network（WPAN）の枠組みで標準化を行っている。欧州ではETSI（European Telecommunications Standards Institute，欧州電気通信標準化機構）が進めるスマートBAN（Smart Body Area Networks：smart BAN）プロジェクトも活発な標準化活動を進めている。超低消費電力，電波干渉に対する耐性の高さ，IoT（Internet of Things，モノのインターネット）における異なるネットワークが共存する環境での相互運用性の高さなどを実現することを目指し，高齢者向けを含む見守り用途への応用も視野に入れ，以下のような例をアプリケーションとしてあげている。

・医療（例：心電図モニター）
・安全管理・見守り（例：転倒の検出）
・ヘルスケア・ウェルネスのためのモニタリング
・スポーツ，フィットネス（例：トレーニングの効果測定）

IEEE 802.15.6に準拠するBANでは，その通信の信頼性と人体への安全性を向上させながら，大容量な通信を可能とする超広帯域無線（UWB）方式を通信方式として採用しているほか，従来技術の転用による導入・普及の円滑化のために狭帯域通信方式（NB），電磁波の代わりに人体近傍に発生させた準静電界を通信の媒体として用いる人体通信（HBC）の3つを物理層（PHY）として採用している。さらにMAC層では，医療情報のほか，非医療のマルチメディアデータなどの伝送にも対応するため，情報の重要度（Quarity of Service：QoS）に応じた優先度（表5･6）を付加することで優先度に応じて情報を伝送する仕組みを有する。

上記のように，IEEE 802.15.6によるBANでは，通常時は映像，動画や音楽などのエンターテインメント情報の伝送に用いながら，非常時には重要情報を優先的に，低遅延かつ正確に伝送するシステムを構築することができる。この特徴は重要性・緊急性の高い医療情報の伝送を考えるうえで非常に大きな利点となり，本ユニットではこれらBANを応用した遠隔医療やヘルスケア・見守りサー

表5･6　IEEE 802.15.6で利用可能な優先度レベル

優先度（UP）	UPレベル	用　途
低　い	0	バックグラウンド（待機状態）
	1	一般データ
	2	一般データ（優先）
	3	ビデオ伝送
	4	音声伝送
	5	医療データ
	6	高優先度医療データ
高　い	7	緊急データ

ビス，その構築や基礎技術の研究を行っている。

5.3.3　安心・安全を支える医療情報システム構築のための情報通信技術

本ユニットでは無線 BAN の医療用途への適用を前提に，その実用化やさらなる高信頼化のための研究を推進している。無線情報通信の高信頼化のためには，物理層（用いる電磁波の周波数や波形，送受信の方式を規定する）と MAC 層（情報のやり取りの手法を規定し複数のユーザーが同時にデータをやり取りするための多元接続，データに誤りがあった場合に再度送信してもらうための再送要求を制御する）の両方の観点から最適化する必要がある。加えて，情報の誤りと伝送遅延のどちらを最小化するのか，といった最適化基準を明確にする必要がある。一方，医療応用の高信頼無線通信では，それぞれの許容できる最大値を超えない，最悪値を保証した通信方式の最適化が重要である。このため，物理層，MAC 層の双方を含めたクロスレイヤ最適化を研究し提案している。

また，無線通信そのものが人体へ与える影響も無視できない。放射された電磁波が人体内で吸収されることによる発熱とその熱的影響を考慮する必要がある。一般に，送信電力を増加させると通信の信頼性は向上するが，人体に対する侵襲性，すなわち人体細胞への熱的影響が増加し，ほかの医療機器へ与える影響やほかの無線通信へ与える干渉も増加する。このリスク対ベネフィットを科学的に定量評価し，人体に対する安全性と通信の信頼性の確保を両立させるためのレギュラトリーサイエンスの研究開発と人材育成を行っている。

計測データは，多くの場合個人の生体情報を含むため高度な個人情報である。このため，情報セキュリティやプライバシー保護の観点から利用をためらうユーザーのことも考えなければならない。これは，情報セキュリティに関する技術的課題を克服する必要があることを示唆しているが，現状ではデータ解析，表示などのプログラムの精度に関する具体的な指標が定められておらず，開発者に依存している。ハードウェアに関しても精度と信頼性を議論すべきであり，製品コストも考慮に加えながらリスク対ベネフィットを定量的に議論し指標を明確化することが必要である。これについてもレギュラトリーサイエンスに基づく基礎研究を推進している。

日本では，医薬品医療機器総合機構（PMDA）において医療機器の承認・認証を安全かつ組織的，効率的に行い，医療機器認証にかかる時間“デバイスラグ”を解消するために，2012 年に科学委員会医療機器部会を設置し医療機器分野の人員を増強している。神奈川県の未病対策にみられるように，いまだ病気であるか定かでない未病状態から健康を維持，回復するための機器を県が定めることにより，研究開発，製造販売を推進するお墨付き効果を期待した試みもある。私たちは同分野の学術と産業振興のために，学術，産業，規制の視点からヘルスケア機器，未病対応機器，医療機器の有効性とリスクをレギュラトリーサイエンスに基づき解析，評価している。これは，未来情報通信医療社会基盤センター内に 2014 年 9 月に神奈川県受託事業として開設した「かながわ医療機器レギュラトリーサイエンスセンター」で行なっている。当センターは産学官コンソーシアムをコーディネートし，健康管理，予防医療から先端医療にわたる基礎研究から応用機器開発，医薬品医療機器等法申請支援などに成果を上げている。

5.3.4　主要な研究成果

5.3.2 項および 5.3.3 項で述べたように，私たちは，医療情報通信システムの薬機法承認や国際標準化の作業では，レギュラトリーサイエンスに基づいた技術基準や技術要件が，リスクとベネフィットを不確実性，コストを考慮して科学的に議論してきた。ここからは，リスクを軽減する高信頼化技術の研究成果と，従来の情報通信に制御理論を組み合わせた通信と制御の融合領域である高信頼制御通信の創生とその研究成果を紹介する。

a.　無線 BAN のさらなる高信頼化と高信頼制御通信

標準規格 IEEE 802.15.6 で採用されているコンテンションアクセス方式である Slotted ALOHA の課題に着目し，Spread Slotted ALOHA（SSA）方式の導入を提案した。コンテンションアクセス方式では，複数の端末からのデータ送信の順番などが事前に決められておらず，通信の要求が少ないときには決められた順番を待つよりも平均的に効率の高い通信ができるが，データ量やユーザー数が増えて通信要求が増加した場合には確率的にデータ同士が衝突し，受信できなくなってしまうことがある。IEEE 802.15.6 ではコンテンションベースの通信制御方式の 1 つとして Slotted ALOHA が採用されているが，従来の Slotted ALOHA は同じスロット内に同時に複数のパケットが送信された場合，パケット同士が衝突してしまい通信品質が劣化する。この弱点を克服するため，従来の Slotted ALOHA に符号分割多元接続（CDMA）の技術を取り入れた SSA を検討した。SSA は同一スロット内に複数のパケットが送信された場合でも，符号化によってそれぞれのユーザーからの信号を分離し，各パケットを復調すること

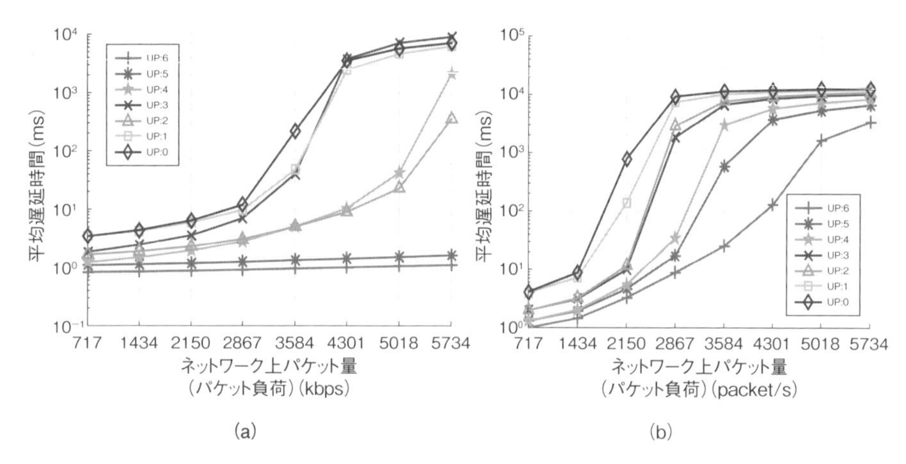

図 5･28　オファードロードに対する遅延特性
提案方式(Spread Slotted ALOHA,(a))と従来方式(Slotted ALOHA,(b))

ができるアクセス方式である。用いる拡散系列が長いほど受信時の相関出力ピークが大きくなるため,受信SNRがより改善されるが,拡散系列が長くなるほどデータレートは落ちてしまう。そこで,無線BANで扱われるトラフィックの優先度ごとに異なる拡散系列長を割り当てることでQoSを考慮した。各優先度における平均遅延時間を算出した計算機シミュレーションの結果を図5･28に示す。トラフィックにカテゴリーに応じて異なる系列長を割り当てることで,IEEE 802.15.6と比較してQoS要求により柔軟なMACプロトコルが実現できる[1,2]。

また,近年の無線通信技術の医療への応用例の1つとして,カプセル内視鏡があげられる。従来の有線の内視鏡検査よりも低侵襲での診断ができ,さらには,有線型内視鏡では診察が困難であった小腸内部の映像の撮影を可能にしている。ただし,現在市販されているカプセル内視鏡は,カプセルに積載できる大きさに制限があることから,従来の有線型の内視鏡に比べ,電池寿命の短さ,フレームレートの低さ,解像度の低さといった課題がある。一方で,カプセル内視鏡の次世代型として,生体内で駆動するマイクロロボットの開発も行われている。これは,ただ内部の映像を取得するだけでなく,搭載したモーターなどのマニピュレーターを制御することで,ポリープの切除や意図した場所に薬を噴射するドラッグデリバリーシステムを実現するものである。これを実現するため,生体内から送られてくる情報に応じて,生体外から制御を適応的かつリアルタイムに行う無線フィードバック制御が鍵になってくる(図5･29)。こうした双方向通

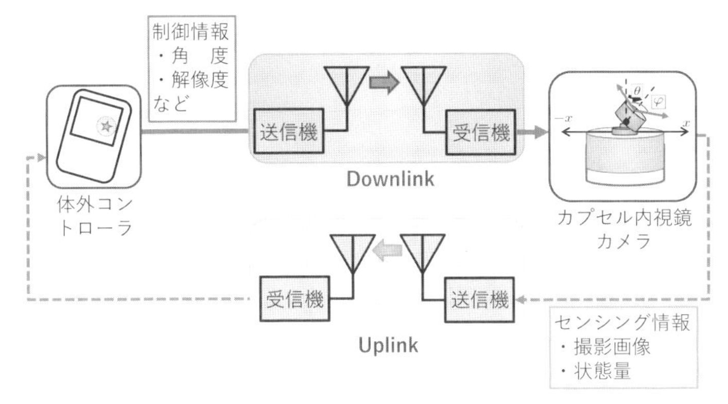

図5･29　無線フィードバックループを用いたカプセル内視鏡の高信頼制御

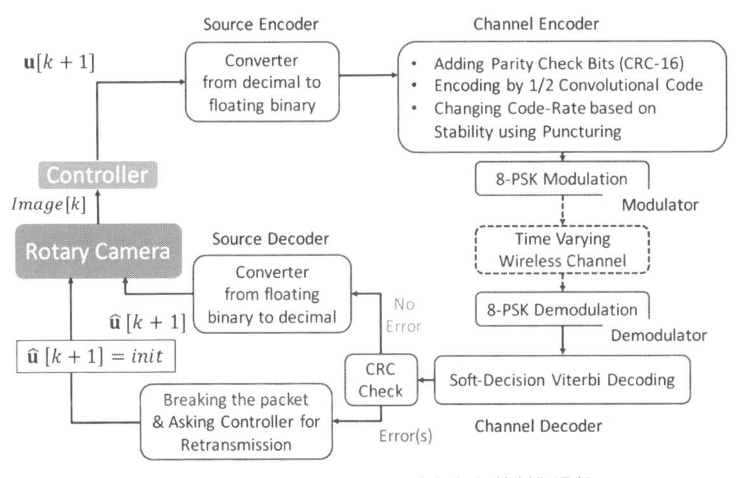

図5･30　適応誤り制御による高信頼無線制御通信

信における上り下りの各情報の重要度や処理時間を定量的に示し，制御対象の重要度に応じた物理層・MAC層のクロスレイヤでの適応誤り制御をモデルベースで考えていくため，本研究では“回転型倒立振子”“回転型カメラ”の２つのモデルを用いて検討を行っている（図5･30）[3,4]。

b．物理層，MAC層からなるクロスレイヤ最適化に関する研究

IEEE 802.15.6では扱うデータに対して数段階の優先度を設定することが可能になっているが，これらの優先度に応じたQoSの具体的な制御手段は実装依存である。そこで，私たちは無線BANにおける複数データの優先度に合わせた

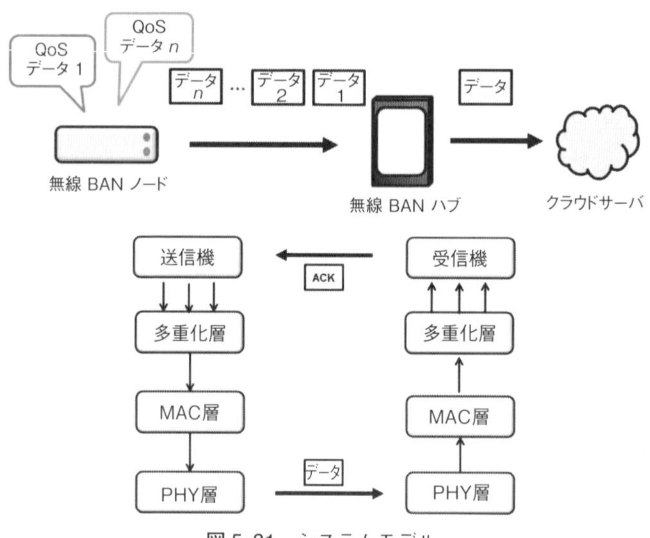

図 5・31 システムモデル

QoS 実現手法について研究してきた[4~6]。具体的には優先度ごとに自動再送要求や前方誤り訂正の使い方を選択できるように修正を施すことで QoS パラメータの有効活用を行えるようにした。この際，図 5・31 のように複数のデータを同時に扱えるように多重化層を設け，この層に設置した MUX コントローラが事前に設定された QoS パラメータに従い誤り制御や遅延制御を行い，誤り訂正符号として Decomposable code，再送プロトコルとして Weldon's ARQ とよばれる手法を用いた。本研究では，提案誤り制御方式とその比較対象における，異なる MAC プロトコルを適用した際のクロスレイヤでの性能解析と最適化を行った。数値解析の結果，図 5・32 に示すように，信号対雑音比 E_s/N_0 が低い領域における送信の失敗確率を低減できるなど提案手法の有用性を確認することができた[7~13]。

c. レギュラトリーサイエンスに基づく無線通信の安全性評価に関する研究

無線 BAN をはじめとした無線医療機器による医療の効率化を推進するうえで，無線医療機器の認証は電波法による無線機器としての認証と医薬品医療機器等法（薬機法）による医療機器としての認証の両方を必要とするため，実用までに多くの時間を要するデバイスラグが問題となる。とくに薬機法による認証は医療機器のクラスによっては臨床試験の結果に基づき行われるため多大な時間を要しそのデバイスラグが問題視されている。

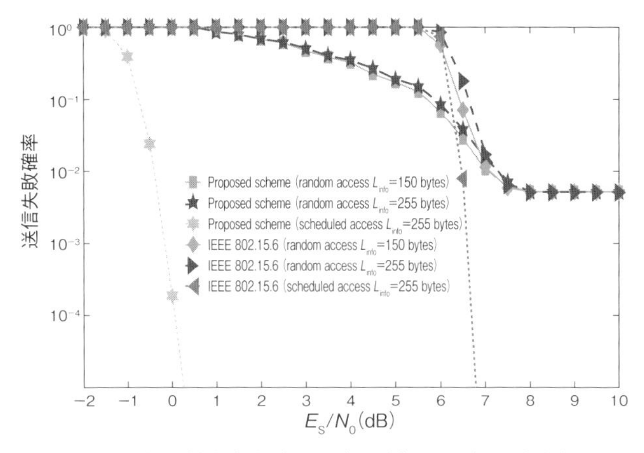

図5･32　信号対雑音比（E_s/N_0）に対する送信失敗確率

こうした問題を統合的に解決するために，レギュラトリーサイエンスに基づき，薬機法における技術的基準の検討を行っている。技術的基準として必要な項目を整理し，無線通信のためのパラメータの最適化についてIR-UWB無線BANを例として検討し（図5･33，5･34），薬機法のための技術基準となり得る指標を提案している。また，本研究では無線医療機器の認証の効率化のために無線BANのためのOn-Board自動認証システムの提案を行っている[9,13]。認証対象となる機器の内部に認証のためのソフトウェアをあらかじめ搭載しておき，これを用いて端末上で通信のパラメータの検査を行うというものである。検査の結果

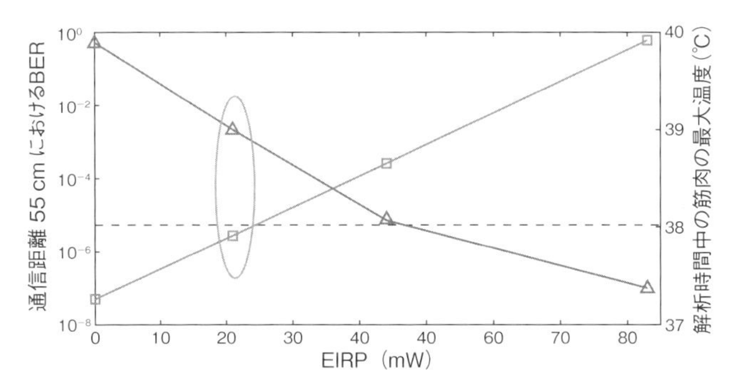

図5･33　送信電力に対するBER(△)と生体モデル(□)の筋肉中の最大温度の関係

【通信距離55 cmの場合】BER（符号誤り率）と安全性はトレードオフ関係にある。

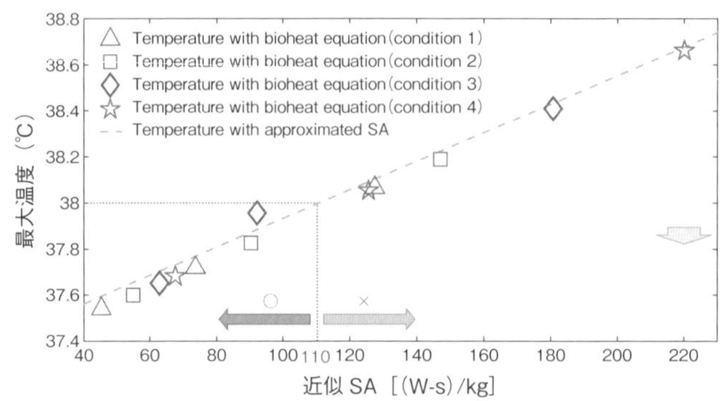

図 5･34　人体が電磁波を吸収する量（近似 SA）に対する最大温度
人体の最大温度が 38 ℃を超えない範囲を定量化し，安全性認証が可能。

はインターネットを介して認証のための機関に送信され，オンラインでの認証を可能にする。提案指標を用いて最適化の結果を整理することで基準値を求め，これを用いた認証の例を示すことで提案全体の妥当性を示す。

5.3.5　リスク共生社会構築への展望

求められるレギュレーションとリスク / ベネフィット / コスト

医療機関で用いられる医療機器と，もっぱらスポーツなどのアクティビティ，レジャー用に開発されるデバイスでは，機器の信頼性に関する制度上の規制が異なるべきであると考えられる。一方で，リスクとベネフィット，産業化，高度な技術の評価基準などの観点からみると，両者には明確な科学的論拠による区分が困難である。医療機関で用いられるデバイスには安全性の確保が重要であるが，一般向けに普及させ産業として成立することを目標とする健康・予防医療機器では，コストのバランスが重要である。わが国における医療機器認定機関であるPMDA では安全性を重要視する視点から，米国 FDA と比較すると認証手続きに時間がかかる。医療機器としての認定を受けないまま製品化することもできないことはないが，ユーザーの信頼と安心を考えると一定の性能を担保する認定・認証の枠組みが必要と考えられる。

神奈川県受託事業による「かながわ医療機器レギュラトリーサイエンスセンター」では最先端技術を活用した医療機器の早期市場展開と評価基準の構築をはかるため，上記のような医療機器認証の遅れを回避し，発生するリスクと得られるベネフィットを評価し最適化するためにレギュラトリーサイエンスに基づく医工連携研究，人材育成などを行っている。安全・安心を支える情報通信技術の実現においてリスク共生は非常に重要な課題であり，レギュラトリーサイエンスを軸としてリスクとベネフィットのバランスを科学的に評価し，医療用，ヘルスケア用，スポーツやフィットネスなどのレジャー用など，さまざまな用途に合わせた認証基準の策定が必要である。その認証に必要な評価項目についても科学的に論じなければならない。一方で，普及促進のために必要不可欠な国際標準化を推進することも重要であり，実用化に向けた取り組みや社会実験が多くのプロジェクトで進行中である。

在宅医療やリハビリテーション，医療行為における医師のサポート，個々人へのヘルスケアサービス，労働者の過労を抑制・防止する労務管理や健康管理などにおいて情報通信技術は必要不可欠になってきている。多くの社会問題解決に寄与することを期待すれば，レギュラトリーサイエンスに基づいた高信頼な情報通信技術の開発が求められる。例えば，2011 年 2 月のニュージーランド・クライストチャーチおよび 3 月の東日本における震災での教訓として，災害時などの非常時における救助と医療に必要な情報通信システムの構築が喫緊の課題であることが共有された。いつどこで起こることが予測できない災害の際にも利用できる情報通信システムが，レギュラトリーサイエンスに基づくリスク対ベネフィット，不確実性とコストを考慮することで実現するものとして注目されている。2016 ～ 2017 年に実施されている日本学術振興協会の二国間協定プロジェクトにおける横浜国立大学とカンタベリー大学によるドローン・UAV の無線測位・遠隔制御と BAN を用いた災害時の救助と医療のための情報通信システムの研究開発は，このようなリスク共生における災害などの非常時の救済，医療へと発展している。

本ユニットにおける「安全・安心を支える情報システムの実現」のための情報通信，医療 ICT の基礎・応用研究と事業化，国際標準化と普及の推進にわたる包括的な取組みは，リスクとベネフィットを科学的に評価することで初めて市販化などで社会還元される。ここまでに述べた本ユニットの成果は，人命にかかわる医療情報通信では考慮すべきベネフィットとリスクの種類を特定すること，評価対象としての観点，試験項目，安全性基準，リスク・ベネフィットのバランス，有効性とリスクを論理的に解明すること，およびそこから得られるリスク共生のための判断基準とその根拠を与えるものである。レギュラトリーサイエンスもリスク共生も，情報通信に限定されずすべての科学技術に通じる幅広い概念である。本ユニットにおける取組みは広く科学技術全般の人類へ与える有効性とリスクを議論し，またそのリスク共生をはかるための意思決定のよりどころとしての根拠を与えるものである。

引用文献

1） 福谷友宏，河野隆二：信学技報，**116**(224)，31（2016）
2） S. Seimiya, K. Takabayashi, R. Kohno: A Study for the Adaptive Error Correction Using QoS-HARQ Toward Dependable Implant Body Area Network, IEEE 11th International Symposium on Medical Information and Communication Technology, Lisbon, Portugal (2017)
3） 清宮聡史，高林健人，河野隆二：信学技報，**117**(20), 31（2017）
4） M. Noi, R. Kohno. *et al.*: "Wireless Dependable IoT/M2M for Disaster Rescue and Healthcare - Reliable Machine Centric Sensing and Controlling," *J. Geoinf. Geostati.*, **5**, 1000167, (2017). DOI: 10.4172/2327-4581.1000167
5） K. Takabayashi, R. Kohno, *et al.*: *IEEE Access*, **5**, 22462 (2017). DOI: 10.1109/2017.2762078
6） K. Takabayashi, R. Kohno, *et al.*: *IEEJ Trans. Electr. Electr. Eng.*, **12**, S146 (2017). DOI:10.1002/tee.22445
7） K. Takabayashi, R. Kohno, *et al.*: Proceedings of the 11th International Symposium on Medical Information and Communication Technology, pp.1-5, Lisbon, Portugal (2017)
8） 高林健人，河野隆二ら：無線ボディエリアネットワークのための誤り制御方式におけるクロスレイヤ性能解析に関する一検討，第11回ITヘルスケア学会学術大会，名古屋（2017）．［ITヘルスケア：**12**(1)，65（2017）］
9） K. Sameshima, R. Kohno: Proceedings of the 10th International Symposium on Medical Information and Communication Technology, pp.1-5, Worcester, MA, USA (2016)
10） Do T. Quan, R. Kohno, *et al.*: *Wireless Pers. Commun.*, **94**, 605 (2017). DOI: 10.1007/s11277-016-3639-4.
11） T. Kobayashi, R. Kohno: *IEICE Trans. Commun.*, **E99-B**, 569 (2016). DOI: 10.1587/transcom.2015MIP0008
12） K. Takabayashi, R. Kohno, *et al.*: *EURASIP JWCN* (2016). DOI:10.1186/s13638-016-0561-0
13） R. Kohno, K. Sameshima, *et al.*: *Radio Sci.*, **51**, 1923 (2016). DOI: 10.1002/2016RS006097

6

強靱な社会インフラの実現
──安心・安全イノベーション──

私たちの生活にかかわるさまざまな活動の基盤になるのが，道路，鉄道，空港・港湾，エネルギー生産施設などの社会インフラ（インフラストラクチャー）である。広い意味では，もの生産のための産業プラント施設，人の生活，移動や生産のためのエネルギーの変換・輸送も社会インフラに含まれる。道路，鉄道，エネルギー施設などの社会インフラの機能停止は短くても社会に及ぼす影響はきわめて甚大であり，それがもし長期に及ぶような事態になれば国家的損失にもつながる。社会インフラのライフスパンは長く，代替が難しいので，経年劣化への適切な対応が欠かせないが，それに加えて日本の厳しい自然環境に耐える必要がある。日本が抱える社会インフラの課題は，2015 年に国連にて採択された持続可能な開発目標（Sustainable Development Goals：SDGs，通称グローバル・ゴールズ）にも言及されている，まさしく“強靱（レジリエント）な社会インフラの実現”である。

本章ではリスクとの共生を意識したうえでの“強靱（レジリエント）な社会インフラの実現”をするための技術，技術をベースにした政策をさまざまな角度から展開する。6.1 節では，インフラで広く使われるコンクリートに代表される無機材料を対象に，損傷を受けても自ら治癒する夢の材料への挑戦の歴史と展望を述べる。6.2 節では，水素を用いた，私たちの生活に欠かせないエネルギーの輸送，貯蔵に関するさまざまな最新の技術とそれによる近未来社会を語る。また，エネルギー資源のほとんどを海外に頼る日本において，エネルギー輸送の要は船舶である。船の耐波浪安全性に関する最新の研究と今後の展望を 6.3 節で議論する。6.4 節では，産業インフラである石油コンビナートならびに各種エネルギーの製造，利用，消費などにかかわる安全性について，燃料電池自動車用水素ステーションを例に技術のみならず規制という立場からも述べる。6.5 節では，社会インフラの典型である橋などの道路を主対象に，その点検，維持管理に加え，地震などの災害への対応について技術とマネジメントの立場から概説する。6.6節では，インフラが災害などで機能停止した場合の経済的損失について，首都高速道路を例にとり議論する。

6.1　材料安全：自己治癒材料の開発

自己治癒材料は，稼働中に受けた損傷を自発的に修復し，健全な状態へ回帰するという生物と同様の機能を有した新素材である。このため，エネルギー機器などのようなメンテナンスフリー性が要求される用途などに大きな期待を集めている。自己治癒機能は，損傷の再接合に適切な化学反応を損傷の発生をトリガーとして発現する。このため，自己治癒材料は，対応する化学反応を生じるための反応物をすべてもしくはその一部を材料に分散，複合した構造を有している。これまでに，世界中の多くの研究者により，自己治癒反応に最適な化学反応の探索や反応物の材料内での最適な配置方法の検討などが実施されて，飛躍的な進歩が遂げられてきた。

その反面，成分元素の拡散，外界物質の混入，組織変化などの使用中に生じる材質変化は，一般的には腐食などのように，材質の劣化として取り扱われている。このため，これまでのリスクの概念を適用すると，自己治癒機能の起源でもある“材料が使用中に化学反応を生じる”ということは，最小化しなければならない材料特性として検討されてきた。この概念のもとでは，自己治癒材料研究とは，仮想的な材料特性の観察学的要因の強い学問分野であった。しかし，最新のリスクの概念やリスク共生学の確立により，次世代イノベーションの担い手となる新素材として注目されることになり，今後，社会実装を目指した多くの応用研究を展開しなければならない研究分野として変革してきている。さらに，自己治癒材料の応用は，これまでの材料変革の歴史とは一線を画した変革をさまざまな工業システムに要求することになる。このため，新技術によるイノベーションの形を想定し，その価値評価を実施するという新たな文理融合研究を実施していくことが要求されている。

6.1.1　生体模倣という観点からみた材料変革

材料開発は，日進月歩の着実な発展を遂げるものであるのと同時に，ときに人

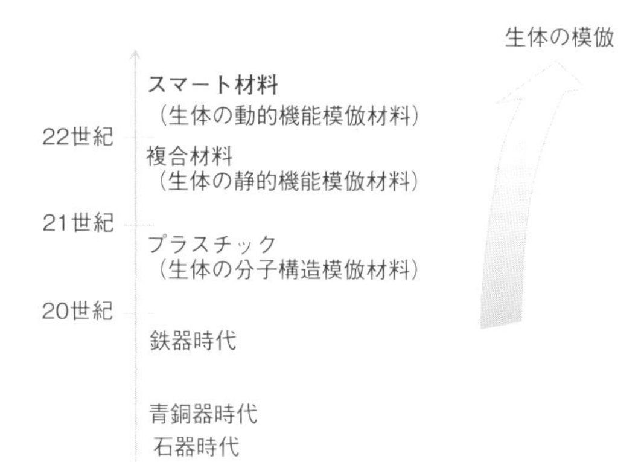

図 6·1　材料イノベーションの遍歴

類の発展に大きな変革もたらすような材料変革が存在する。古代では，石器時代，青銅器時代，鉄器時代のように使われる材料により人類の歴史の分類がされている。

現代においても，図 6·1 に示すような，高分子材料（いわゆるプラスチック）や FRP（繊維強化プラスチック）などの複合材料が出現し，現在では広く用いられるようになった。プラスチックは，大量消費時代の象徴のような材料であり，私たちの生活に大きな変革をもたらしている。さらに複合材料も年々その普及範囲が拡大しており，今後人類の生活に変革をもたらすことが予想される。

これらの 2 つの材料を生体模倣という観点から整理すると，分子構造の模倣および微構造（静的特性）の模倣がされた材料と定義することができる。植物，動物の主要な構成成分は，セルロースやタンパク質であり，これらは，炭素-炭素（C-C）主鎖を基本骨格とした高分子であり，プラスチックも C-C 主鎖を基本骨格とした高分子を人工的に合成した物質である。これを力学的特性（強度などの機械特性）の観点から考えると，分子内の高強度な共有結合と分子間の分子間力の 2 種の力学特性の大きく異なる化学結合の混合体であり，粘弾性とよばれる特異な力学特性を有している。この特性により，軽くて，柔軟な物質となっている。一方で，骨などの生体の構造要素は，複合材料と同様に異種の材質の複合体であり，力学特性に関しても，その界面特性により力学特性を制御することが可能であり，CFRP（炭素繊維強化プラスチック）のように，軽くて強靭な材料を生み出している。

生体模倣という観点から考えると，複合材料の次の世代となる大きな材料変革には，生体の動的機能を模倣した材料になることが予想される。生体の動的機能とは，筋肉の動き（アクチュエータ機能），恒温性，成長，自己修復性などがあげられる。これらの動的機能を模倣した材料としては，1980年代に日米において，インテリジェント材料，スマート材料として提案されている。しかしながら，生体の動的機能は，材料内で適切な化学反応を生じることで機能を発現しているのに対し，インテリジェント材料における機能を発現する機構のほとんどが，圧電特性や磁歪特性などの物理的性質を活用したものであった。このような特異な物理的性質は，限られた温度範囲でのみ有効なことが多く，使用できる温度域などが限定的なものとなってしまう。このため，活発な研究開発がされたにもかかわらず，その材料イノベーションとして定着したとは言い難い。このため，次世代の大きな材料変革のためには，使用中に化学反応を有効に活用した生体の動的機能材料であるケミカルスマート材料の開発が必要である。

ケミカルスマート材料には，高分子内の電気化学反応を活用した高分子アクチュエータや本節の主題である自己治癒材料が該当する。自己治癒材料は，プラスチック，コンクリート，金属材料，セラミックス材料の幅広い材料系において活発な研究開発がなされており，日本および欧米においても，今後の研究戦略における重要技術として位置づけられている。また，2016年2月には，Wikipediaにおける“Self-healing Materials”[1)]が大幅なアップデートがなされ，自己治癒材料の認知度がより広範化してきている。

本節では，自己治癒材料の機能発現機構の概論について記したのちに，自己治癒機能がとくに有効に作用するセラミックス材料における開発小史を紹介する。そして，筆者らが研究開発を実施している長繊維強化自己治癒セラミックスの研究成果の概略を示し，最後に，今後の自己治癒材料イノベーションに必要となる事項について紹介する。

6.1.2　自己治癒材料概論

自己治癒材料の最大の特徴は，使用中に化学反応を生じることで機能を発現することである。このため，自己治癒機能を発現する反応物（以後，自己治癒エージェントとよぶ）を材料中にどのように配置するかで大きく3種類に分類することができる（図6·2）。

最も単純な自己治癒材料は，すべての自己治癒エージェントをあらかじめ材料中に配置している。その一例がWhiteら[2)]によって開発された自己治癒ポリマー

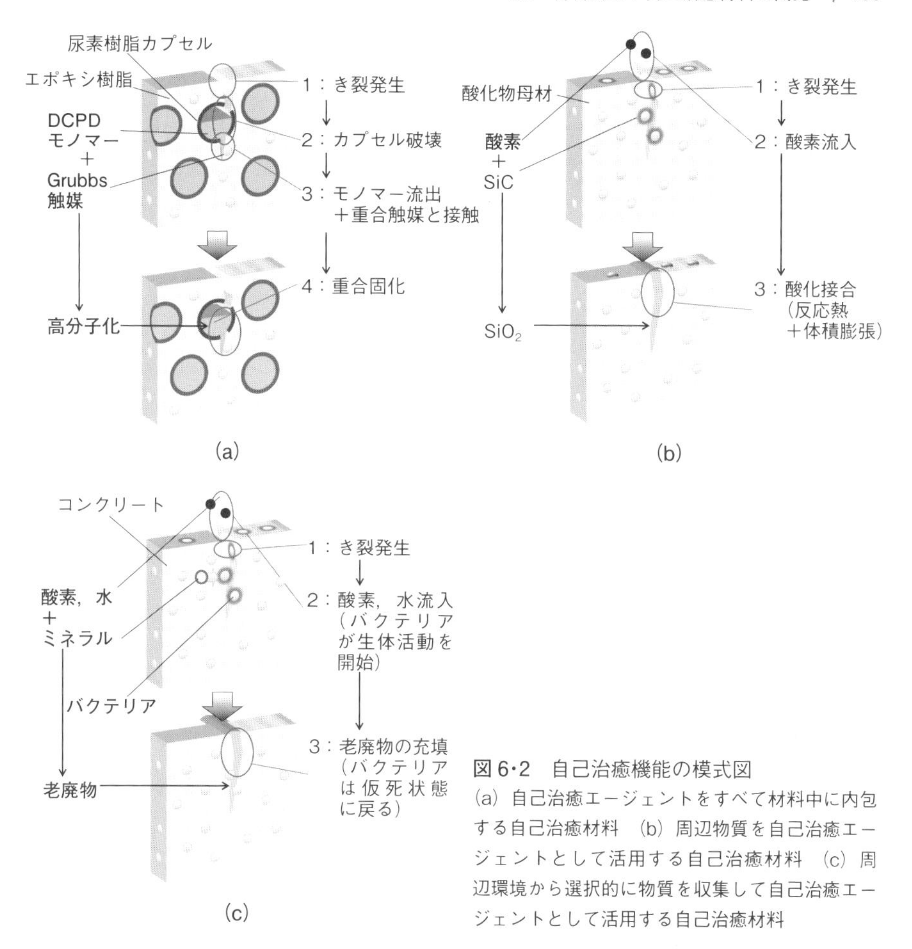

図 6･2　自己治癒機能の模式図
(a) 自己治癒エージェントをすべて材料中に内包する自己治癒材料　(b) 周辺物質を自己治癒エージェントとして活用する自己治癒材料　(c) 周辺環境から選択的に物質を収集して自己治癒エージェントとして活用する自己治癒材料

である。これは，尿素樹脂のマイクロカプセルに封入されたジシクロペンタジエン（dicyclopentadiene：DCPD）と Gurbbs 触媒の 2 つの自己治癒エージェントを分散・複合した熱硬化性樹脂である。図 6･2(a) に示すように，き裂が発生後，マイクロカプセルまで進展すると，マイクロカプセルを破壊してき裂は進展する。これにより，カプセル内の DCPD がき裂内に流出する。流出した DCPD は Grubbs 触媒と接触することで，開環重合反応を生じる。重合反応を生じることで DCPD は固化し，き裂を接合する。これによりき裂発生により減じた強度の約 80% を回復することができる。

次に紹介するのが，自己治癒エージェントの一方を材料に内包し，周辺物質を自己治癒エージェントとして活用する自己治癒材料である。一例として，図6･2(b) に安藤ら[3]が開発した炭化ケイ素（SiC）微粒子を分散した自己治癒アルミナを用いて，その機能の発現機構を説明する。表面き裂の発生に伴い外気が流入し，き裂面上に存在する自己治癒エージェントであるSiC粒子と接触し，SiCが酸化反応する。この反応による酸化生成物がき裂の空隙を充填し，さらに反応熱が酸化生成物および母材を一度融解することでき裂を強固に接合する。このように，き裂を再接合することで，機械的強度を完全に回復することが可能である。

最後は，微生物反応を活用し，自己治癒エージェントをすべて周辺環境から選択的に収集するタイプの自己治癒材料である。この一例として，図6･2(c) にJonkersら[4]が開発した自己治癒コンクリートがあげられる。損傷発生前は仮死状態となっている微生物が損傷発生に伴い，水や酸素などが供給されることで活性化し，周辺からカルシウム分を摂取し，老廃物を生成する。この老廃物により，き裂が充填・接合される。微生物は，自身の排出した老廃物により“窒息する”ことで，仮死状態に戻る。このように，微生物があたかも触媒のように働くことで，自己治癒機能を発現する。

自己治癒材料は，上記のとおり化学反応（微生物反応もマクロな系として化学反応として捉える）を自己治癒機能の発現機構として活用していることから，使用環境に合わせた自己治癒性の発現が重要となる。したがって，自己治癒性を発現する化学反応を選択し，その自己治癒発現物質をどのように配置するかを最適化する用途に合わせたオーダーメイド的な材料設計が重要となる。

オーダーメイド的な材料設計により，さまざまな用途に対応した自己治癒性を自在に発現する材料が開発できることができれば，図6･3に示すような特異な経年劣化挙動を有する新たな材料の開発が可能となる。図(a) に示す経年劣化挙動は，自己治癒性がもたらす代表的な特性である高寿命化が達成される。とくに，突発的な損傷に対して材料特性の劣化を鈍化させることが可能となるため，欠陥感受性の大きなセラミックス材料において，その利点は大きい。この経年劣化挙動は，自己治癒性が良好である限り続くため，特性が自己治癒性の有限寿命まで一定もしくは向上し続けることが可能となる。そのため使用寿命をアクティブに決定し，寿命期間中メンテナンスフリー性を獲得することができる。また，図(b) に示す経年劣化挙動は，自己治癒された欠陥が完全に無害化する（私たちは完全治癒（super-healing）現象とよぶ）ことが可能となることで発現する。

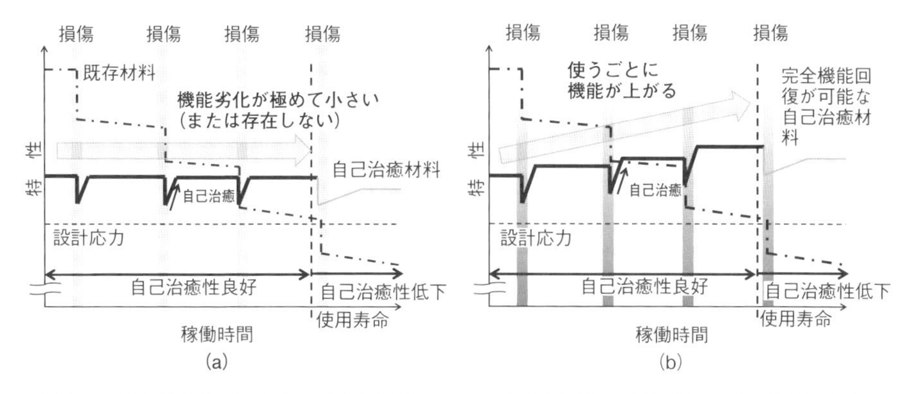

図 6・3 SiC 粒子分散アルミナ型自己治癒セラミックスの強度回復挙動と SiC 分散率の関係

通常，損傷は最大欠陥から発生するため，この部分が損傷し自己治癒されることで，損傷発生前よりも特性が向上する。この初期の特性が設計値との差が大きい場合には，使用することで，設計値になっていくという“環境適応性”を人工材料に付与することが可能となる。

6.1.3 自己治癒セラミックス小史

自己治癒セラミックスの研究開発は，おおまかに分割すると 3 つの世代に分けることができる。

自己治癒セラミックス研究の第 1 世代では，単相のセラミックスにおいて生じる再焼結によるき裂の再接合の現象解析を中心に研究開発が行われている。その歴史は古く，1966 年に Heuer ら[5]により，き裂の再接合による強度回復挙動が報告されている。その後，Lange ら[6]が，熱処理による酸化亜鉛（ZnO）および酸化マグネシウム（MgO）の強度回復挙動が 1970 年に報告され，その際に初めて“き裂治癒（crack-healing）”という用語が用いられている。この第 1 世代はセラミックスの焼結理論の確立とともに研究がなされたため，“crack-healing”という単語が用いられた論文は 200 以上になる。さらに，この“crack-healing”現象によるき裂の縮退，消滅のモデルおよびその速度論[7~9]はきわめて詳細に解析されている。これら第 1 世代の自己治癒セラミックスの研究開発は，自己治癒性を積極的に活用とした材料設計がなされているわけではなく，既存のセラミックスに製造プロセスと同様の熱処理を施した際に生じるき裂の再接合現象を解析しているだけである。しかしながら，用語の定義や，き裂の再接合と強度回復の関係性など，現在の自己治癒セラミックス研究においても有益な知見は数多く存在する。さらに，第1世代の研究の中には，SiCや四窒化三ケイ素（Si_3N_4）焼結体において，SiCやSi_3N_4の高温酸化によるき裂の再接合を取り扱った報告[10,11]も存在する。しかし，これらの研究もき裂治癒を材料の1つの特徴として取り扱っているだけであり，機能として積極的に活用しようとして研究がなされているわけではない。

自己治癒セラミックス研究の第2世代では，粒子分散材の分散質の化学反応を活用したき裂の再接合現象の解析を中心に研究開発が行われている。その代表的な研究例がSiC粒子の高温酸化を利用した自己治癒セラミックスである。この現象の最初の報告は，1991年の新原ら[12]のアルミナ/SiCナノコンポジッド研究である。その後もいくつかの同様の報告[13~15]がなされているが，そのいずれもSiC粒子を強化材として活用することを主目的として設計された材料であるため，SiC粒子の分散率が5 vol%であり，き裂の完全接合を満たすことができていない[16]。SiC粒子を自己治癒発現物質として活用することを主目的として開発セラミックス群が1995年以降，安藤ら[17]により数多く報告されている。その一連の報告の中で，き裂の再接合による強度の完全回復には，SiC粒子を10 vol%以上母材に分散させる必要があることが示されている（図6･2(b)）。

第2世代の研究の特徴は，自己治癒性を積極的に活用することを主目的に材料設計がなされていることである。この特徴を満たす研究として，上記にあげた以外にも自己治癒発現機能にニッケル（Ni）分散質の外方拡散を利用したアルミナ複合材[18]や二ケイ化モリブデン（$MoSi_2$）を分散した酸化ジルコニウム(Ⅳ)(ZrO_2) 熱遮蔽コーティング[19]なども本世代の自己治癒セラミックス研究に含まれる。

自己治癒セラミックス研究の第3世代の最大特徴は，オーダーメイド的な材料設計を実施することである。言い換えれば，想定される使用用途に合わせて自己治癒機能を発現する最適な化学反応を選定し，材料設計を実施することである。その代表例は，筆者らが現在研究開発中である長繊維強化自己治癒セラミックス(fiber-reinforced self-healing ceramics：shFRC)[20]である。本材料は，次節で詳細に示すヘテロジニアスコンセプトを用いることで，幅広い応用範囲への適用を可能とする自己治癒材料である。それ以外にも，MAX炭化物系自己治癒セラミックスの使用用途に自己治癒性の発現を合わせるために，さまざまな試み[21]がなされている。

6.1.4　長繊維強化自己治癒セラミックス

本項で紹介する長繊維強化自己治癒セラミックス（shFRC）は，ヘテロジニアスコンセプトを適用することで，自己治癒性だけでなく，そのほかの力学特性も使用用途に合わせて制御することができる新素材である。

自己治癒材料におけるヘテロジニアスコンセプトとは，自己治癒エージェントを局在化させる材料の微構造を設計する指針である。自己治癒材料の多くは，自己治癒エージェントが材料中に均質に分散しているため，材料のいずれの場所から損傷（一般的には，き裂）が発生しても，その損傷近傍に自己治癒エージェントが存在しているために，自己治癒性を発現することができる。これに対し，ヘテロジニアスコンセプトでは，自己治癒エージェントを特定の部分に局在化する。このため，どのような場所で損傷が発生したとしても，損傷を自己治癒エージェント近傍まで誘導する必要がある。shFRC においては，自己治癒エージェントを図 6･4 に示すように繊維束/母材界面に層状に配置する。この自己治癒エージェントからなる界面層の力学特性を最弱部となるようにそのほかの構成物質と力学的特性を調整することで，発生した損傷を必ず界面層へ誘導している。

自己治癒材料のヘテロジニアスコンセプトにより，微構造の制御パラメター数を増やしているため，複雑解の解析は必要ではあるが，力学特性の制御を可能としている。さらに，自己治癒エージェントをひと固まりとしているため，その内部に第 2 成分を追加することが可能となり，複数物質の連携による自己治癒性の向上も可能となる。

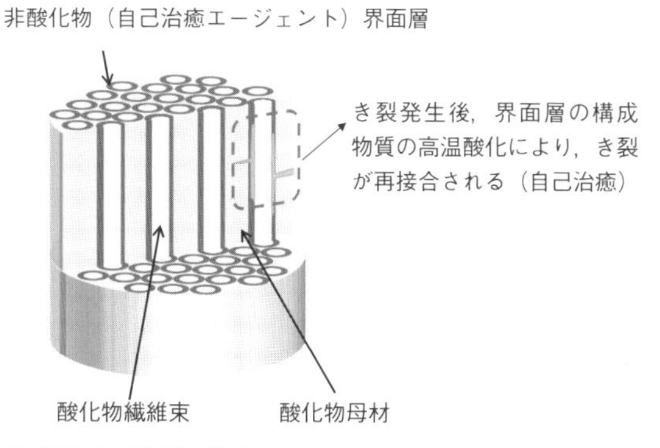

図 6･4　酸化物系長繊維強化自己治癒セラミックスの模式図

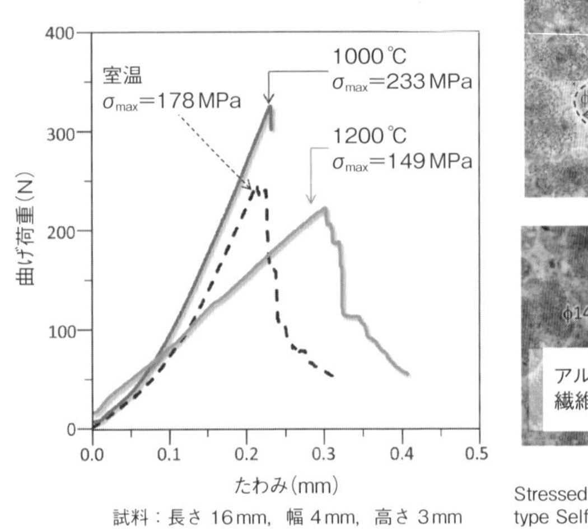

図 6･5　自己治癒セラミックスにおける自己治癒有効温度範囲

shFRC においては，き裂進展を繊維束方向に分岐させることが可能であるため，セラミックス材料の最大の欠点である脆性破壊を防ぐことを可能としている。さらに，図 6･5 に示すように，各構成成分の力学特性を理解し，微構造を制御することで，き裂分岐性と自己治癒性を保ったまま，大幅な強度改善が可能であった。その一方で，微構造制御に失敗すると，き裂の自己治癒エージェント層への分岐を生じることができなくなり，き裂進展挙動を生じてしまうことで，自己治癒性を発現することもできなくなってしまう。

図 6･6 にヘテロジニアスコンセプトを適用することで成功した自己治癒性改善の一例を示す。これは，酸化反応の発熱量が大きな二ケイ化チタン（$TiSi_2$）を SiC 界面層中に複合することで，自己治癒性を改善している。SiC の高温酸化反応により誘導される自己治癒現象は，自己治癒エージェントである SiC の酸化反応熱により自己治癒現象発現時の一時的かつ局所的な正味の温度を上昇させることで，良好な自己治癒性を発現している。ここに，より発熱量の大きな $TiSi_2$ の酸化熱が加わることで，自己治癒現象発現時の正味の温度が向上し，主たる自己治癒エージェントである SiC の高温酸化反応が加速され，より高速な自己治癒現象が低温度域から生じることになる。この機構を活用することで，き裂の再接合に 1200 ℃において 1 時間必要であったものが，1000 ℃，10 分でのき裂の完全接合が可能となった。これと同様に，自己治癒現象の素過程を改善する

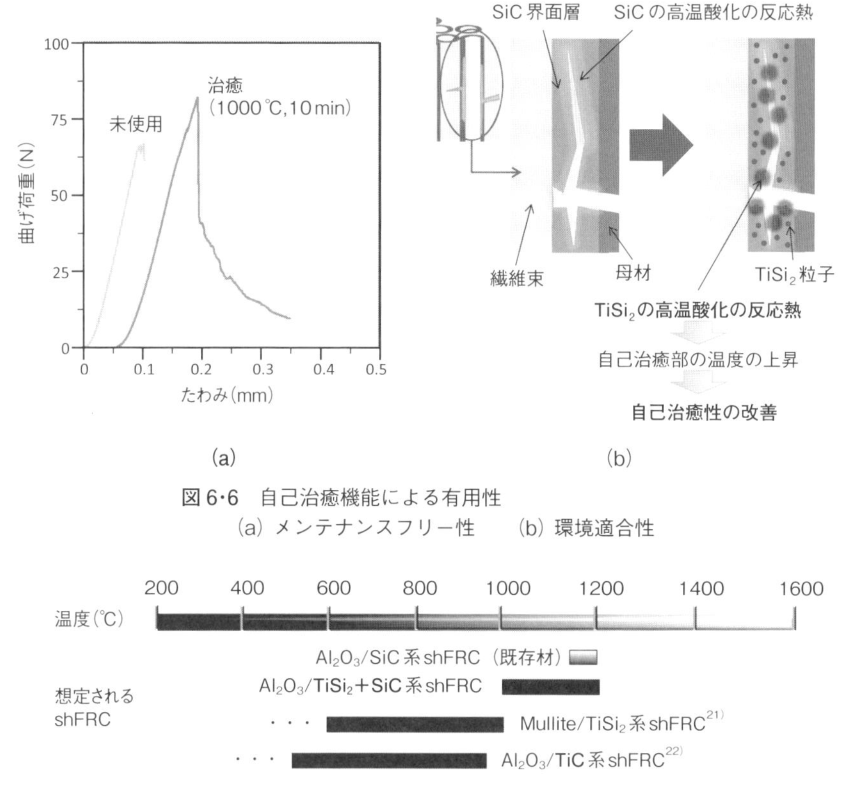

図 6·6　自己治癒機能による有用性
(a) メンテナンスフリー性　　(b) 環境適合性

図 6·7　新規自己治癒エージェントシステムの自己治癒有効温度範囲

ことで，数多くの自己治癒エージェントシステムを提案している。得られた結果をまとめると，現状では，600 ～ 1200 ℃までの幅広い温度範囲（図 6·7）[22,23]において，使用環境に合わせて自己治癒エージェントを選択し，材料を設計することが可能となっている。

ヘテロジニアスコンセプトを適用しオーダーメイド的な材料設計が可能であるshFRC は，航空機のジェットエンジン用材料として大きな期待を集めている。本材料を適用することが可能となれば，ジェットエンジンの燃費改善の主要メカニズムを，これまでの燃焼ガス温度の高温化から部材の軽量化に変更することが可能である。実際に，ジェットエンジンのタービン翼を既存の Ni 基超合金からshFRC に置き換えることが可能であれば，15%にも及ぶ大幅な燃費改善を可能とする。

6.1.5 自己治癒材料イノベーションの意義と今後の展望

自己治癒性により発現する高信頼性，長寿命，メンテナンスフリー性，環境適応性は，実用上有益なだけでなく，これまで不可能とされてきた材料の適用を可能とするなど，その価値ははかり知れない。

その反面，成分元素の拡散，外界物質の混入，組織変化などの使用中に生じる材質変化は，一般的には腐食などのように，材質の劣化として取り扱われている。このため，これまでのリスクの概念を適用すると，自己治癒機能の起源でもある“材料が使用中に化学反応を生じる”ということは，最小化しなければならない材料特性として検討されてきた。しかしながら，本書で提案している最新のリスクの概念およびリスク共生学の知見を活用することで初めて，これまで紹介してきた自己治癒機能を“材料が使用中に化学反応を生じる”ということのポジティブなリスクとして捉えることが可能となり。これにより，自己治癒材料の存在自体が，ユニークな特性を有する新素材という認識からから，社会に適用されるべき新たな研究シーズもしくは次世代イノベーションを達成するための新素材として認識されることになる。

自己治癒材料イノベーションのリスクを評価するためには，自己治癒性を活用することでの工学的な価値評価を行うだけでなく，自己治癒材料が広く社会で用いられることにより発生する，経済性，環境インパクト，産業的，政策的意味合いなど多様な価値評価を組み合わせた自己治癒材料イノベーションの社会的価値を定義することが重要となる。この課題に対し，超高信頼性自己治癒材料研究ユニットでは，以下のような研究開発を実施している。

自己治癒機能を積極的に部材や機器への設計に活用するためには，新たな力学的な特性評価基準が必要となる。既存の部材設計では，損傷発生＝事故との判断をしているため，損傷発生後の機能である自己治癒性を活用することができない。しかしながら，前節で紹介した長繊維強化自己治癒セラミックス（shFRC）では，損傷（き裂）発生する強度と最終破壊強度までの間に大きな差がある。とくに，自己治癒機能が活発に生じる場合，き裂発生強度以上の応力のもとでのき裂進展より自己治癒によるき裂の縮退が優勢となる条件が存在する（図6･8）。この条件を満たす限界値を“自己治癒可能限界応力”として新たな強度基準として定義することが可能となれば，自己治癒性を部材や機器の設計に活用することが可能となる。また，6.1.2項で紹介したとおり，自己治癒材料の経年劣化挙動

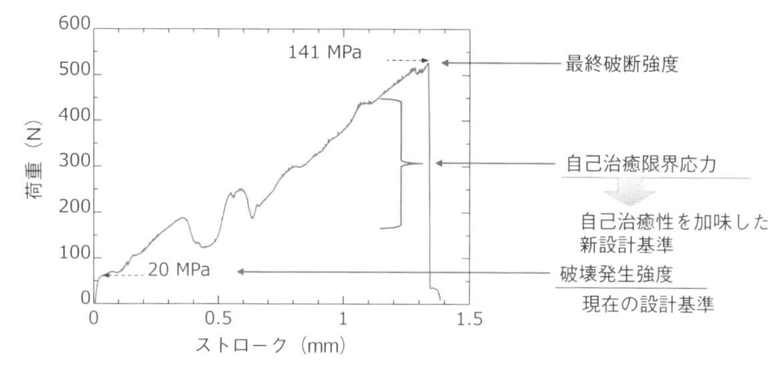

図6･8 SiC 粒子分散アルミナ型自己治癒セラミックスの熱衝撃破壊に対する自己治癒の効果

は，既存の材料とは大きく異なるため，初期応力の考え方だけでなく，自己治癒材料特有の経年劣化挙動を部材の設計に活用するための，理論の整備が必要である。

自己治癒材料イノベーションの社会的価値を定量化していくためには，工学研究者と社会科学研究者の協働が必要不可欠である。例えば，自己治癒性を反映した新しい材料強度の国際標準を確立するためには，単に標準評価手法を確立するだけでなく，その新しい強度の社会許容性を評価することが重要である。さらに，これらのイノベーションが社会に普及していくプロセスの予想を行わなければ，自己治癒材料イノベーションの社会的価値を正確に評価することができない。技術開発と同時に，その技術が普及するダイナミクスを同時に検討し，その知見をフィードバックすることが可能となれば，技術開発から技術の普及の間に存在するいわゆる“死の谷”を回避するアクションプランを策定することができる。とくに，社会科学分野には，新技術の普及ダイナミクスの解明といった先進的な研究手法を得ることにつながる。

自己治癒材料研究とは，これまでのリスク概念のもとでは，仮想的な材料特性の観察学的要因の強い学問分野であった。しかし，最新のリスク概念やリスク共生学の確立により，次世代イノベーションの担い手となる新素材として注目されることになり，今後，社会実装を目指した多くの応用研究を展開しなければならない研究分野として変革してきている。さらに，自己治癒材料の応用は，これまでの材料変革の歴史とは一線を画した変革をさまざまな工業システムに要求することになる。このため，新技術によるイノベーションの形を想定し，その価値評価を実施するという新たな文理融合研究を実施していくことが要求される。新たに取り組まなければならない課題ばかりの自己治癒材料研究ではあるが，プラスチックや複合材料と同様に，人類の生活に大きな変革をもたらすことができる技術であることを誇りに，今後も多様な共同研究者とともに，本イノベーションの達成を目標に研究を推進していく。

引用文献

1) Wikipedia: Self-healing Materials, https://en.wikipedia.org/wiki/Self-healing_material
2) S. R. White, S. Viswanathan, *et al.*: *Nature*, **409**, 794 (2001).
3) K. Ando, S. Sato, *et al.*: *J. Soc. Mater. Sci. Jpn.*, **48**, 489 (1999).
4) H. Jonkers, E. Schlangen, *et al.*: *Ecol. Eng.*, **36**, 230 (2010).
5) A. H. Heuer, J. P. Roberts: *Proc. Br. Ceram. Soc.*, **6**, 17 (1966).
6) F. F. Lange, T. K. Gupta: *J. Am. Ceram. Soc.*, **53**, 54 (1970).
7) G. Bandyopadhyay, J. T. A Roberts: *J. Am. Ceram. Soc.*, **59**, 415 (1976).
8) T. K. Gupta: *J. Am. Ceram. Soc.*, **59**, 448 (1976).
9) A. G. Evans, E. A. Charles: *Acta Metall.*, **25**, 919 (1977).
10) F. F. Lange: *J. Am. Ceram. Soc.*, **53**, 290 (1970).
11) T. E. Easler, R. E. Tressler, *et al.*: *J. Am. Ceram. Soc.*, **65**, 317 (1982).
12) K. Niihara: *J. Ceram. Soc. Jpn.*, **9**, 974 (1991).
13) K. Niihara, T. Sekino, *et al.*: *Mater. Res. Soc. Symp. Proc.*, **286**, 405 (1993).
14) K. Niihara, A. Nakahira: Proceeding of the Third International Symposium on Ceramic Materials and Components for Engines, pp.919-926 (1998).
15) A. M. Thompson, M. P. Harmer, *et al.*: *J. Am. Ceram. Soc.*, **78**, 567 (1995).
16) I. A. Chou, M. P. Harmer, *et al.*: *J. Am. Ceram. Soc.*, **81**, 1203 (1998).
17) W. Nakao, K. Ando, *et al.*: "Self-healing Materials" (S. K. Ghosh ed.), pp.183-217, Wiley-VCH (2009).
18) D. Maruoka, Y. Sato, M. Nanko: *Adv. Mater. Res.*, **89-91**, 365 (2010).
19) A. L. Carabat, W. G. Sloof *et al.*: *J. Am. Ceram. Soc.*, **98**, 2609 (2015).
20) 中尾 航，羽賀雄一：自己治癒能力を有する長繊維強化セラミックス複合材料，特許第5788309号.
21) A. S. Farle, W. G. Sloof *et al.*: *J. Eur. Ceram. Soc.*, **35**, 37 (2015).
22) S. Yoshioka, W. Nakao: *J. Intell. Mater. Struct.*, **26**, 1395 (2015). DOI: 10.1177/
23) S. Yoshioka, W. G. Sloof *et al.*: *J. Eur. Ceram. Soc.*, **36**, 4155 (2016).

参考文献

・ W. Nakao, ASME 2010 Conference on Smart Materials, Adaptive Structure and Intelligent Systems, pp.33-38 (2010).

6.2　次世代のエネルギー変換・輸送技術

地球温暖化は人類，社会，経済および生態系にとって大きなリスクであり，産業革命以来の化石エネルギーの利用により排出される二酸化炭素（CO_2）が最も大きな影響を与えていると考えられている。日本は世界第5位のエネルギー消費国であり，そのうち約90％を化石エネルギーに頼っている。原子力発電に頼らず化石エネルギー消費を減らすためには再生可能エネルギーを増やさなければならない。しかしながら，太陽光や風力発電におけるエネルギーのポテンシャルは時間的，空間的に需要とは無関係であるため，再生可能エネルギーを用い，需給調整のためにエネルギーを貯蔵・輸送する物質であるエネルギーキャリアを利用する必要がある。

水素は水を分解して得られるエネルギーキャリアであり，エネルギーの大量輸送や長時間貯蔵に適しており，再生可能エネルギーを基盤とした水素エネルギーシステムを構築するためには，再生可能エネルギーを用いた水素製造および水素利用のエネルギー効率の向上が必須である。

水素エネルギー変換化学研究ユニットでは，エネルギーキャリアの製造および利用のための鍵となる技術開発を行った。具体的には，大規模水素製造に使用されているアルカリ水電解用の酸素発生電極の耐久性を高めて，再生可能エネルギーを変動性に耐えるようにする技術，水素のキャリアであるトルエンを水の分解と同時に電解水素化する有機ハイドライド電解合成技術，家庭用コジェネレーションや自動車用で商用化が始まっている固体高分子形燃料電池を貴金属フリーとするための4，5族遷移金属酸化物系酸素還元電極触媒技術の研究に取り組み，これらの基礎技術を開発した。

6.2.1　研 究 背 景

人類が経済活動を営むうえで，エネルギーは欠かすことのできない重要なものである。また，気候変動は人類，社会，経済および生態系をリスクにさらす。気候変動に関する政府間パネル（Intergovernmental Panel on Climate Change：IPCC）は人為起源による気候変化，影響，適応および緩和方策に関し，科学的，技術的，社会経済学的な見地から包括的な評価を行うことを目的とし，1988年に国際連合環境計画（UNEP）と世界気象機関（WMO）により設立された機関であり，2013年に第5次報告書を発表した。この中で，気候システムに対する人為的影響は明らかであり，「近年の人為起源の温室効果ガス（GHG）排出量は史上最高となっている。近年の気候変動は，人間および自然システムに対し広範囲にわたる影響を及ぼしてきた」と指摘している。

環境省で年間排出量などを把握しているGHGとして，二酸化炭素（CO_2），メタン（CH_4），亜酸化窒素（N_2O），ハイドロフルオロカーボン類（HFCs），パーフルオロカーボン類（PFCs），六フッ化硫黄（SF_6）の6種類がある。これらの気体の大気中濃度は産業革命以降，少なくとも過去80万年間で前例のない水準まで増加しており，これらの影響は20世紀半ば以降に観測された温暖化の支配的な原因であった可能性はきわめて高い。気候変動を緩和する政策が各国で実行されているにもかかわらず，1970年以降もGHGは増え続けており，二酸化炭素は1970～2010年におけるGHG総排出量増加の約78%を占めている。したがって，地球温暖化を抑制するためには二酸化炭素排出量を削減しなければならない[1)]。

日本は，中国，米国，インド，ロシアに次いで世界第5位の約20 000 PJ（1 PJ（ペタジュール）＝10^{15} J）のエネルギーを使用しており，このうち約90%が石炭，石油，天然ガスの化石燃料であり，経済活動を犠牲にしないで二酸化炭素排出量を削減するためには化石燃料に代わるエネルギー源が必要である。東日本大震災前に策定されたエネルギー基本計画では原子力発電を大幅に増やすことが考えられていたが，福島第一原子力発電所の事故により，原子力発電のリスクや核廃棄物の処理問題などが改めて認識され，再生可能エネルギーへの転換が求められている。しかし，太陽光や風力発電などの再生可能エネルギーは化石燃料のように貯蔵・輸送することができないため，単に太陽光や風力発電を増やしても有効にエネルギーを利用するシステムとして成立しない。これは化石燃料がエネルギーの貯蔵・輸送の媒体であるエネルギーキャリアとして機能しているのに対し，太陽光や風力発電では時間的，空間的に需要と無関係にポテンシャルが存在し，とくに貯蔵が困難な電力を発生するため需給バランスを成立させるのが困難なためである。次節で次世代のエネルギーシステムを俯瞰し，地球温暖化を抑制するために次世代のエネルギーシステムおよびこの中のエネルギー変換・輸送技術の位置づけについて述べる。

6.2.2 次世代のエネルギー変換・輸送技術の位置づけ

次世代のエネルギーシステムを俯瞰するうえで，酸化/還元によりエネルギー

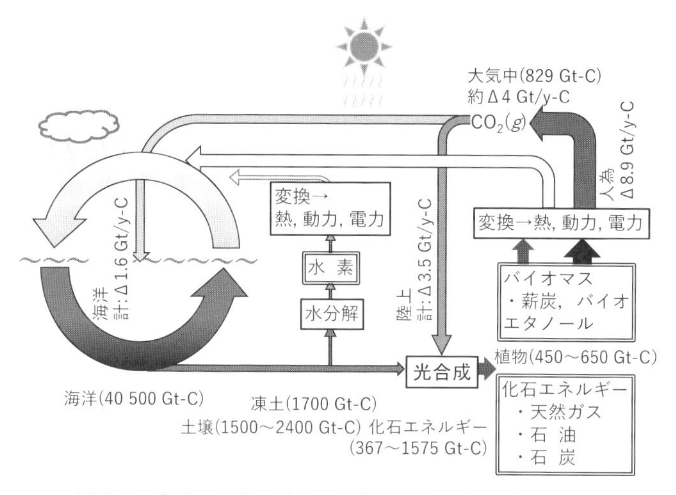

図 6･9　炭素，水素，酸素の物質循環とエネルギーシステム

を利用できる物質の循環について考える。光合成は二酸化炭素と水から炭化水素を合成するプロセスであるため，水素が大きな役割を果たす。図 6･9 に炭素，水素（H_2），酸素（O_2）の物質循環に IPCC 第 5 次報告書の炭素循環の数値を入れたエネルギーシステムのフローを示す。地球上の炭素サイクルでは，光合成は大気中の二酸化炭素に含まれる炭素を 123 Gt/y 程度炭化水素にしているが，生物の呼吸や自然火災などで 119 Gt/y 程度大気に放出しており，陸上全体では 3.5 Gt/y 固定している。

大気中の CO_2 を固定するものとして，光合成による植物起源の炭化水素類のほか，海洋による吸収があり，現在海洋は炭素換算で 1.6 Gt/y で吸収している。産業革命以降 2000 年頃までの約 250 年間で化石燃料が使用されて 365 ± 30 Gt の炭素が大気に放出され，このうち 155 ± 30 Gt の炭素が海洋の中深層水に溶存し，240 ± 10 Gt の炭素が大気中に存在すると考えられている。2000 ～ 2009 年では化石燃料の使用などに伴う人類起源で 8.9 ± 1.4 Gt/y の炭素が大気に放出され，このうち，4 Gt/y で大気中の炭素量が増えている。海洋は二酸化炭素を吸収しているので，海洋の酸性化が進む。したがって，人為的な二酸化炭素排出量を光合成で固定できる範囲に抑制する必要がある[1)]。

一方，持続可能な社会を構成するためには再生可能エネルギーを化学エネルギーに変換して需要に合わせて輸送・貯蔵するシステムは不可欠である。水素エ

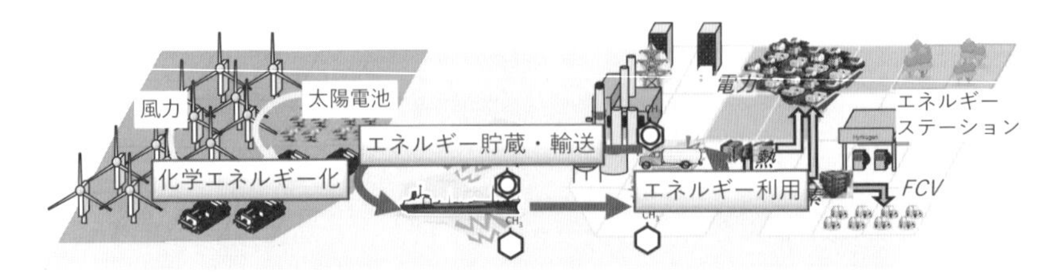

図6･10 再生可能エネルギーを基盤としたエネルギーシステムの概観

ネルギーシステムは自然の炭素，水素，酸素の循環の一部を利用しながら，温室効果ガスを放出せずに再生可能エネルギーを貯蔵・輸送するシステムを構築できる。図6･10に再生可能エネルギーを基盤とした水素エネルギーシステムの概観を示す。風力，太陽光，水力などの再生可能エネルギーは空間的，時間的に偏在しているため，再生可能エネルギーのポテンシャルが高い地域で水を分解して水素を製造，さらには水素の体積密度を高くするためのキャリア化してから輸送・貯蔵し，エネルギーの需要地にて利用する。このシステムでは，エネルギーの損失は水を分解して水素エネルギーキャリアを合成する段階と，水素エネルギーキャリアを動力として利用する段階である。

水素エネルギー変換化学ユニットの研究目標は，再生可能エネルギーを一時エネルギー源とし，水素をエネルギーキャリアとして機能する二次エネルギーとしたエネルギーシステムを構築するための鍵となる技術として，電力から水素エネルギーキャリアを製造する水電解技術ならびに水素エネルギーを電力とする燃料電池技術の導入を進めるための貴金属フリー電極触媒技術の開発を進め，これらの基礎技術を開発した。

6.2.3 再生可能エネルギー導入のための電解技術

水は熱力学的には約4000℃以上の温度にすると水素と酸素に分解するが，分解した水素と酸素を分離しないで約4000℃以下にすると水に戻り水素製造はできない。現実的な温度領域で水を分解するためには，水素と酸素が再結合しないように反応をいくつかに分ける必要がある。熱化学分解法とよばれる方法では，約1000℃以上の比較的穏やかな条件で水からヨウ素の化合物として水素を，硫黄の化合物として酸素を取り出した後，水素および酸素を含む化合物を分解して水素と酸素を得る。光触媒を用いた水の分解では触媒上に水素発生するサイトと酸素発生するサイトを設けて反応を分離し，太陽光などの光エネルギーを用いて水を分解する。光触媒を用いた水素製造技術は材料開発の段階であり，実用化のイメージも太陽光発電と同じような大面積のパネルで水を分解する装置となる。水の電気分解では電解液中に電極を挿入し，電流を流して一方からは水素，もう一方から酸素が発生する反応を行う。1つのセルの電極間の電圧は約1.8V程度は必要であるが，室温付近で水素を製造することができる。以上のように，電気分解は相対的に単純な装置で水を分解して水素を製造できるプロセスである。

日本での直接アンモニア合成の最初の工業化は，1923年に日本窒素肥料（現 旭化成株式会社）が約500気圧で水素と窒素の反応でアンモニア合成するガザレー法を採用した日産5t規模のものとされている。このプラントでは，水電解は比較的簡単な水素製造技術として採用されていたが，水素価格が電力コストに依存するため，北欧などの水力発電による安価な水素が得られる地域以外ではしだいに化石燃料から水素製造するプロセスにとって代わられた[2,3]。このころの経済的，技術的な環境でも，電解水素は不定時電力の消化策としては，設備利用率が低くなるため，結果的に設備ならびに人件費がきわめて低廉でなければ水素価格が高くなることが課題であった。

水力発電は比較的安定な電力源であり，水電解用の電源として用いられてきたが，現在導入が進められている太陽光発電や風力発電の電力は不安定であることが問題となる。太陽光発電の設備利用率は地域の差は小さく約12％程度，風力発電の設備利用率は地域性が大きく10～30％である。水電解は，分離操作がなく可動部が少なく，小型から大型まで，設備容量に応じた仕様変更が容易な電力を用いるシステムであることから，熱化学法などのほかの方法に比べて再生可能エネルギー電力に対する親和性は非常に高く，安価な電力が得られる場合には有効であるが，設備の低コスト化と変動に対する耐久性は必須であることは変わらない。

再生可能エネルギーを用いた水電解法として，大まかにアルカリ水電解と固体高分子形水電解の2つの方法が検討されている。アルカリ水電解は電解質に高濃度の水酸化カリウム水溶液，カソードには鉄あるいはニッケル系，アノードにはニッケル系の電極などの比較的廉価な材料を用い，大型商用機では6MW程度の電力で3000 Nm^3/h 程度の水素を製造することができる。この方式は，電解停止時に逆電流あるいは迷走電流とよばれる電解槽内部を流れる電流とともに電極が劣化することから，私たちは逆電流を抑制するための現象解析変動電源に対して高耐久性の電極材料の開発に取り組んでいる。

固体高分子形水電解は固体高分子形燃料電池と同じフッ素系カチオン交換膜を電解質膜，カソードに炭素に担持した白金系触媒を用いる。固体高分子形燃料電池とは違い，アノードには白金系ではなく，酸化イリジウム系電極触媒を，またチタン系の構造材料を用いる。アルカリ水電解と比較して高級材料を使用しなければならないので，単位面積あたりの水素製造量を増やす必要があり，数A/cm^{2}の高電流密度運転によりコンパクトなシステムを構成する。固体高分子形燃料電池技術を応用したナノレベルの電極触媒技術などの応用が検討されている。

水電解はドイツなどを中心に再生可能エネルギーをガスに変換してパイプラインでエネルギー供給するパワーツーガス（power to gas）の重要技術として注目されている。再生可能エネルギーの導入が進み，風力発電や太陽光発電による電力を電力網が受け入れられない状況が発生しているためである。ヨーロッパを中心としたユーラシアや，北アメリカでは原油や天然ガスのパイプライン網が発達しており，水素専用のパイプラインを敷設するほか，天然ガスのパイプラインに水素を混ぜたハイタンなども検討されているが，日本はエネルギーを船舶輸送で輸入しているため，水素の体積を500分の1以下程度にして船舶輸送するエネルギーキャリアの技術が必要である。

エネルギーキャリア技術として，水素を冷却して液化する液化水素法，窒素と水素からアンモニアを合成，加圧して液化する液化アンモニア法，トルエンなどの芳香族化合物の二重結合に水素を付加してメチルシクロヘキサンとする有機ケミカルハイドライド法が検討されている。エネルギーキャリアの選択には，取り扱う物質の人体や環境に対するリスク，水素化/脱水素過程でのエネルギー損失，貯蔵・輸送時のエネルギー密度や蒸発損失などさまざまなクライテリアで評価する必要がある。有機ケミカルハイドライド法はエネルギー密度ではほかの2つより劣るが，常温常圧の石油インフラで貯蔵・輸送が可能で，水素化/脱水素の反応過程が可逆に近い性質であり，取扱う物質のリスクもマネジメントできる範囲であることから最も有望なものと考えられている。

再生可能エネルギーを利用したトルエンの水素化として，水電解による水素製造と，電解水素によるトルエン水素化の2段階のプロセスが考えられる。このときの，全反応は式(1)であり，$\Delta_r G^\circ$が623 kJ/molの非自発的反応であるため，エネルギーを加える必要がある。

$$\overset{\mathrm{CH_3}}{\bigcirc} + 3\mathrm{H_2O} \longrightarrow \overset{\mathrm{CH_3}}{\hexagon} + \frac{3}{2}\mathrm{O_2} \tag{1}$$

水の電気分解と水素化の 2 段階のプロセスの反応は式(2)および式(3)であり，式(2)および式(3)の $\Delta_r G^\circ$ はそれぞれ，711 kJ/mol および−95 kJ/mol である。

$$3\mathrm{H_2O} \longrightarrow 3\mathrm{H_2} + \frac{3}{2}\mathrm{O_2} \tag{2}$$

$$\overset{\mathrm{CH_3}}{\bigcirc} + 3\mathrm{H_2} \longrightarrow \overset{\mathrm{CH_3}}{\hexagon} \tag{3}$$

したがって，式(2)の水電解に必要なエネルギーは式(1)の全反応よりも，式(3)の水素化で発熱する分大きい。すなわち，このプロセスでは水電解で電力として投入したエネルギーのうち，約 14% の発熱分は理論的に輸送・貯蔵できない。

一方，固体高分子電解質（SPE）電解法による 1 段階の次の電極反応は以下のとおりである。

$$\text{カソード：}\quad \overset{\mathrm{CH_3}}{\bigcirc} + 6\mathrm{H^+} + 6\mathrm{e^-} \longrightarrow \overset{\mathrm{CH}}{\hexagon} \tag{4}$$

$$\text{アノード：}\quad 3\mathrm{H_2O} \longrightarrow 6\mathrm{H^+} + \frac{3}{2}\mathrm{O_2} + 6\mathrm{e^-} \tag{5}$$

ここで，カソード反応の標準電極電位は 0.15 V *vs.* SHE，アノード反応は 1.23 V *vs.* SHE である。全反応（式(1)）の理論分解電圧は 1.08 V であり，水の電気分解より 0.15 V 小さい。すなわち，理論的には水電解より小さなエネルギーでエネルギーキャリアを合成できる。

図 6･11 に SPE 電解法によるトルエンの電解水素化電解槽の構成を示す。電解槽の基本構成単位は一対のカソードとアノードであり，バイポーラー板を介して直列接続される。固体高分子電解質膜には，カソード触媒層として，固体高分子形燃料電池の膜電極接合体（MEA）とほぼ同じ構成の貴金属担持炭素触媒層を接合して用いる。また，アノードは銅箔製造などの工業電解に用いられている酸素発生用寸法安定性（DSE®）電極を最適化して用いている。本構成の電解槽のカソード側にトルエンを，アノード側に硫酸を供給することで，アノード上でプロトンと酸素を生成し，カソード上でトルエンとプロトンからメチルシクロヘキ

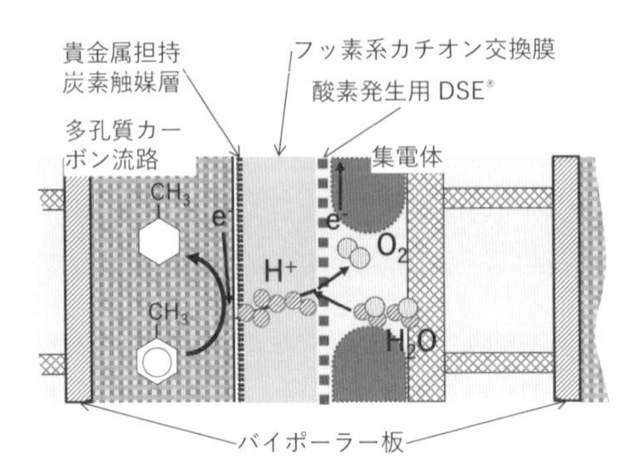

図 6·11　トルエン電解水素化電解槽の基本構成

サンを生成する。私たちは，本構成の電解槽の実証に成功するとともに，基盤技術としての電極触媒材料に関する研究と，電解槽内の物質移動促進など電解槽開発に取り組んでいる[4)]。

6.2.4　燃料電池の本格的普及のための電極触媒技術

電気化学システムは，物質の化学エネルギーを，熱エネルギーや運動エネルギーを介さず直接，電気エネルギーに変換できる高効率エネルギー変換システムである。作動温度が高い（650 ℃以上）固体酸化物形，溶融炭酸塩形，中温（200～300 ℃）のりん酸形など各種タイプの燃料電池の中でも，固体高分子電解質膜を用いる固体高分子形燃料電池（polymer electrolyte fuel cell：PEFC）は，100 ℃以下での低温で作動可能であるという特徴をもつ。水素－酸素燃料電池の理論エネルギー変換効率は低温ほど大きく，PEFC は電気化学システムの原理的な特徴を最も生かした発電システムである。

一般的な構成材料は電解質膜にフッ素系のカチオン交換膜，水素酸化および酸素還元の電極には白金系のナノ粒子を高比表面積のカーボンブラック上に担持した触媒を用いている。再生可能エネルギーから製造するグリーン水素の供給可能システムにとって，発電分野やモビリティの分野での高効率な水素利用は非常に重要であるため，PEFC が果たす役割はますます大きくなる。しかしながら，PEFC の理論エネルギー変換効率は高いが，現実には低温作動であるがゆえに電極反応速度が遅い。このため，電極触媒として白金系触媒を使用しなければならない。しかし，白金を用いてもなお，酸素還元反応の過電圧は 0.2 V 程度もあり，実際の PEFC のエネルギー変換効率を大幅に低下させている。さらに，PEFC

の空気極は，酸性かつ酸化雰囲気という強い腐食環境におかれるので，白金のような貴金属であっても溶解し，担体として用いられているカーボンも酸化消失する。そのため，高い耐久性をもつ触媒の開発も実用化への課題となっている。このようにPEFCの本格普及には，資源量，コストおよび安定性の観点から，白金に代わる高い安定性と酸素還元反応（oxygen reduction reaction：ORR）活性を併せもつ非白金酸素還元触媒が必要であると考えている。

そこでまず，酸性かつ酸化雰囲気において酸化物が安定な材料に注目した。チタン，タンタル，ニオブ，ジルコニウムなどの4および5族遷移金属は，バルブメタル（弁金属）とよばれ，その酸化物はきわめて安定である。実際に，これら酸化物をベースとした化合物の化学的安定性は，白金黒と同等かそれ以上であることを，酸中の溶解度測定により確かめた。しかし安定ではあるものの，通常の4および5族酸化物は絶縁体であり，本質的に高い導電性が求められる電極触媒には不向きである。さらにORRは，酸素分子の触媒表面への吸着から始まるが，酸化物はそもそも酸素と反応した結果できた化合物なので，酸素分子は酸化物表面に吸着しにくい。このため，通常の4および5族酸化物では，ORRは本質的に進行しない。そこで，ほかの元素のドーピングや表面欠陥の導入などにより，酸化物表面の状態を変化させる必要がある。

私たちは，酸化物の表面状態を制御する手段として，① 活性点の安定酸化物による被覆，② 窒素ドープによる酸素原子の置換，③ 酸素空孔の導入，④ 非

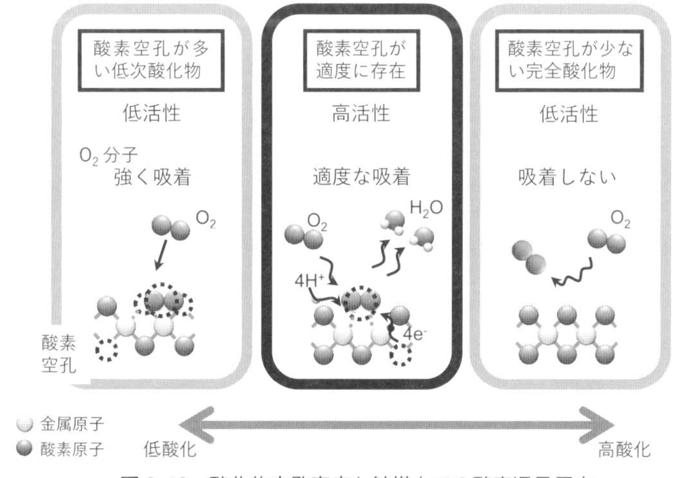

図6･12　酸化物空孔密度と触媒上での酸素還元反応

酸化物の低酸素分圧酸化の4つの方法を試み，カソード環境でのORR活性を系統的に調査してきた。電極反応論から，高いORR活性を示すためには，ORRにおける反応中間体である吸着酸素種の吸着エネルギーの制御が重要であることがすでにわかっている。つまり，吸着が強すぎると吸着点から脱離できないので吸着点をつぶしてしまうし，逆に吸着が弱すぎると電子移動が起こらず反応が進行しない。したがって，反応素過程の反応物・生成物ともに，適度な強さで吸着することが，ORRをスムーズに進行させるために重要なのである（図6･12）。私たちは，酸素空孔の生成や窒素ドープなどにより，4および5族酸化物の表面状態を細かく制御できるようになった。その結果，吸着酸素種の吸着状態が制御可能となり，高いORR活性をもたせることができるようになってきた。今後，実用化に向けた研究開発を加速させ，PEFCの本格普及を目指したいと考えている[5)]。

6.2.5　水素エネルギー社会構築への展望

再生可能エネルギーを基盤として水素でエネルギー貯蔵・輸送を行う水素エネルギー社会は持続的成長可能なためのエネルギーを確保しながら二酸化炭素排出量を抑制できる数少ない手段であるが，経済性や安全性などさまざまな視点のリスク管理が必須である。

まず，安全・安心の側面について考える。水素は可燃性で爆発の濃度範囲が広いこと，燃焼速度が速いことが知られているが，燃料電池自動車の開発で，70 MPaの高圧でも体積あたりのエネルギー密度が低いため，ガソリンなどの液体燃料よりもエネルギー貯蔵量が少なく，ガソリン車並みの航続距離を達成することが困難であることが課題であった。一般的な工業用のガスボンベの規格が15 MPaであるのに対して，市販されている燃料電池自動車ではガソリン車の約2倍の体積の70 MPaのガスボンベを用いているが，搭載可能な燃料の燃焼熱は燃料電池の方が半分以下である。また，水素は非常に軽く，拡散速度が速い。このため，上部に開放空間があれば爆発下限の濃度に達することはまれである。水素は極端にクリーンエネルギーであるイメージと，危険な化学物質であるイメージをもたれている面があり，水素を正しく利用して水素エネルギー社会を迎えるために，水素および関連物質の利点や危険性について，正確な情報を認知してもらう教育と適正なリスク管理のための技術と制度設計が必須である。

次に，経済的な側面を考える。水素を利用することにより，時間的，空間的に偏在する再生可能エネルギーが化石エネルギーと同じように需要に応じてエネルギー供給できるようになる。このとき，電力などのエネルギー利用者にとって，エネルギーそのものの実効的な価値は一次エネルギーが再生可能エネルギーであるか，化石エネルギーであるかは関係ない。IPCC 報告書で指摘されているように，地球温暖化が進み気候変動すると，さまざまな影響があると考えられる。このとき，エネルギーを利用する側と気候変動の影響で被害を受ける者とは直接の結びつきはなく，またエネルギーの利用と気候変動の相関性も直接的ではない。したがって，温室効果ガスの排出に対する評価をエネルギー価格に反映する社会的なシステムがない場合，基本的には経済原則に従って低価格な化石燃料が選択される。エネルギー利用者が再生可能エネルギーを用いたグリーン電力を選択する場合もあるが，利用者側が，経済的に余裕がある個人であるか，広報的な直接的な営利でない目的がある場合などに限られている。これは，地球温暖化をリスク，再生可能エネルギーをリスク管理のための 1 つの手段とみると社会として，リスクを管理できていない状態とみることができる。このとき，炭素税のようなものを導入すると，温室効果ガスの排出のリスクが経済的な価値に置き換わり，再生可能エネルギーの利用促進につながると考えられ，リスク管理の手段となる。日本国内でも一部の自治体で二酸化炭素排出権の取引の取り組みが始まっているが，炭素税や二酸化炭素排出権取引は経済活動の系の一部で導入すると，その地域や産業にとってはコスト競争力のリスクでもある。したがって，私たちが取り組んでいる次世代エネルギー変換・輸送技術を実装するためには，技術的な側面だけではなく，地球温暖化のリスクを経済的な価値に置き換える努力と価値観の共有，社会的に受容できる制度設計を並行してすすめることが重要である。

引用文献

1) Intergovernmental Panel on Climate Change (IPCC) Fifth Assessment Report (2014).
2) 光島重徳，藤田礁：*Electrochemistry*, **85**, 28 (2017).
3) 牧野　功：国立科学博物館技術の系統化調査報告，**12**, 218 (2008).
4) 光島重徳，長澤兼作：触媒，**58**, 346 (2016).
5) 石原顕光，太田健一郎：燃料電池，**16**, 37 (2016).

6.3 環境保全と安全を担う海洋構造物と評価

2007年に制定された海洋基本法とそれに基づく海洋基本計画では，海洋の開発・利用と海洋環境の保全が日本および世界の重要な社会基盤とされている。海洋の開発・利用と環境保全の両立のためには，安全性，経済性，環境影響などのリスクを評価しそれらのリスクと共生することが必要となる。船舶海洋工学においては，Triple-I（Inclusive Impact Index：III）とよばれる指標によって，安全性，経済性，環境影響を包括的に評価する手法が提案されており，これを用いたリスク軽減法の費用対効果の算定も試みられている。

これらを背景として，海洋構造物の安全と環境保全研究ユニットでは，海洋空間の利用保全や環境適応型海上輸送体系の整備にかかわる課題として，(1) 海洋大型浮体構造物の安全性と稼働性能研究，(2) 船舶運航における省エネ性能と安全性の研究，の2つのテーマに関して，ブラジルのサンパウロ大学および中国の上海交通大学と連携して国際研究拠点を形成して共同研究を行った。海洋資源開発や海洋再生エネルギー利用は持続可能社会実現のために不可欠であり，私たちが取り組んできた海洋構造物の安全や海洋環境保全などの研究はその中の重要課題といえる。海洋の開発・利用や海洋環境保全における種々の課題解決のため，今後も船舶海洋工学の貢献が必要とされるだろう。

6.3.1 研究の背景と社会的意義

2007年4月に成立した海洋基本法[1)]では，「四方を海に囲まれた我が国にとって海洋の開発・利用は我が国の経済社会の基盤であるとともに海洋環境の保全は人類の存続の基盤である」とされている。また海洋基本法の精神を実現するための具体的な方策として策定された海洋基本計画[2)]においては，「広大な海洋空間の総合的な理解に必要な技術など，世界をリードする基盤的な技術の研究開発を推進する」「海洋資源の利用，海洋環境の保全，海洋権益の保全や気候変動等の全地球的課題への対応などを戦略的に推進する」と述べられている。さらに，海上輸送の確保は日本の持続的発展上および経済安全保障上の重要性から，「低炭素・循環型社会に貢献する海上輸送体系を確保することにより，我が国海運業の競争力・経営基盤の強化を図るとともに，環境性能の高い船舶の技術開発の促進等による受注力の強化，新市場・新事業への展開等により我が国造船業の競争力の強化を図る」とされている。

本研究ユニットでは海洋空間の利用保全や環境適応型海上輸送体系の整備に係わる課題をリスク共生の観点から解決するために，以下の2テーマに注力した研究を実施している。

・研究テーマ1：「海洋大型浮体構造物の安全性と稼働性能研究」
　世界第6位の排他的経済水域をもつ日本において，海洋における資源，エネルギーを開発するために必須の構造物である浮体式大型構造物の安全性と稼働性能に関する研究を実施する。
・研究テーマ2：「船舶運航における省エネ性能と安全性の研究」
　地球温暖化対策として国際海事機関（IMO）が定めた船舶の新しい省エネ性能基準に対応した省エネ性能を追求するとともに船舶の荒天時安全性能を運航と構造強度の面から総合的に研究する。

研究テーマ1に関しては，海洋の大深度域からの資源開発を実施しているブラジルにおいて最先端の研究組織であるサンパウロ大学と共同で研究を実施している。研究テーマ2に関しては，船舶建造量において世界最大である中国において船舶海洋分野の国家重点研究室（state key laboratory）を有する上海交通大学と共同で研究を実施している。横浜国立大学が中心となって立ち上げた3大学連携による共同研究の仕組みはユニークな海洋系国際連携研究組織として成果を上げており，共同研究成果の論文発表などの活発な活動を行っている。

6.3.2　船舶海洋工学におけるリスク共生

船舶や海洋構造物の安全を担保するため，国際連合の専門機関である国際海事機関（International Maritime Organization：IMO）は種々の安全規則を策定している。それら規則の制定過程では安全FSA（formal safety assessment，総合安全評価）という概念が導入されている。FSAは，リスク評価と費用対効果の評価により，事故が生じる前から積極的に規則制定の妥当性を検討する手続きである。近年では，安全FSAだけでなく環境FSAに関する議論も開始された。今後，両者を総合的に勘案した費用対効果評価指標の検討を行うことが重要と考えられる。一方，日本船舶海洋工学会では，安全性・環境性・経済性を包括的に評価するためのTriple-I（III）とよばれる指標を提案している[3)]。ここでは，原油タンカーの社会的有益性を評価するために行った検討結果[4)]を例として説明する。

Triple-I指標は式(1)で示される。

$$III = EF + \alpha ER + \frac{\sum EF_{region}}{\sum GDP_{region}}[\beta HR + (C - B)] \tag{1}$$

ここで，*EF*はエコロジカルフットプリント（ecological footprint）[5]であり，原油タンカーの建造，運航，解体，リサイクルの各段階において二酸化炭素排出量から地球環境への負荷を求める指標である。*ER*は環境リスク（ecological risk）を示し，原油流出などによる生態系への影響を評価する。*HR*は人命のリスク（human risk）を表し，運航時の事故による死亡リスクを考慮する。*C*はコスト（cost）の略であり，船価，燃料費，船員費，その他の保守経費から求める。一方，*B*はベネフィット（benefit）を表し，運賃収入と原油売り上げによる利益である。なお，式(1)評価値の単位は*EF*の評価に使われるグローバルヘクタール（gha）を用いる。αは*ER*をgha単位に換算する係数，βは*HR*を金額換算する係数を表す。右辺第3項の［ ］内は単位が金額であるので，想定している地域ないしは国家の*EF*と*GDP*（gross domestic product）の比を用いてghaの単位に換算する。Triple-I指標の値が小さいほど検討対象のシステムが社会的に有益かつ持続可能なシステムであると評価される。従来の原油タンカーの船体構造は，外板を1枚のみもつシングルハルとよばれる構造であったが，原油流出防止の観点から1996年以降に建造されたタンカーでは船体外板を二重化したダブルハル構造となった。しかし，現在でも少数ではあるが1996年より前に建造されたシングルハルの原油タンカーが残存している。ここでは紙面の都合上，詳細の説明は省き，シングルハルとダブルハルのTriple-I指標を比較した結果のみを図6･13に示す。ダブルハルのほうが，安全性・環境性・経済性を総合して有益であると評価される。また，図6･13の棒グラフの構成要素を調べれば，それぞれの構造方式の特徴を把握することができる。

次に，リスク軽減を目的に検討される対策案（risk control option：RCO）の費用対効果評価（cost benefit assessment）について述べる。IMOでは安全FSAの費用対効果をGCAFとよばれる指標で評価している。また，環境FSAについてはCATSとよばれる指標が用いられている。すなわち，現状では両者は別々に検討されているが，ここでは総合的な評価指標を提案する[2]。Triple-I指標を微分した式(2)を考える。

$$\Delta III = \Delta EF + \alpha \Delta ER + \frac{\sum EF_{region}}{\sum GDP_{region}}[\beta \Delta HR + \Delta C] \tag{2}$$

RCOを導入することによる*EF*，*ER*，*HR*，*C*，*B*の変化量を式(2)に代入し，

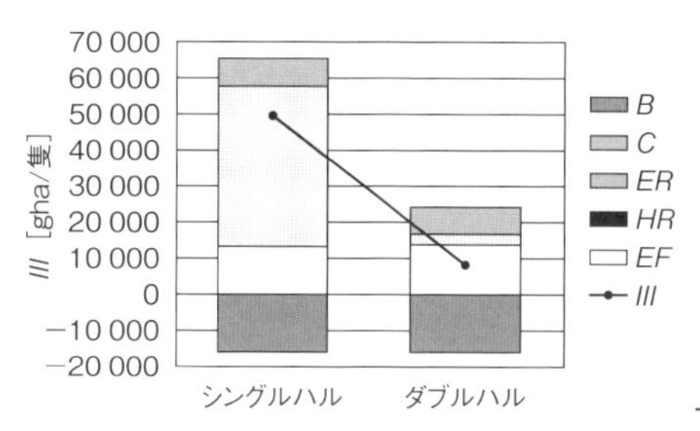

図 6･13　シングルハルとダブルハルの III
［柚井智洋，荒井誠，金湖富士夫：日本船舶海洋工学会論文集，**12**, 133 (2010)］

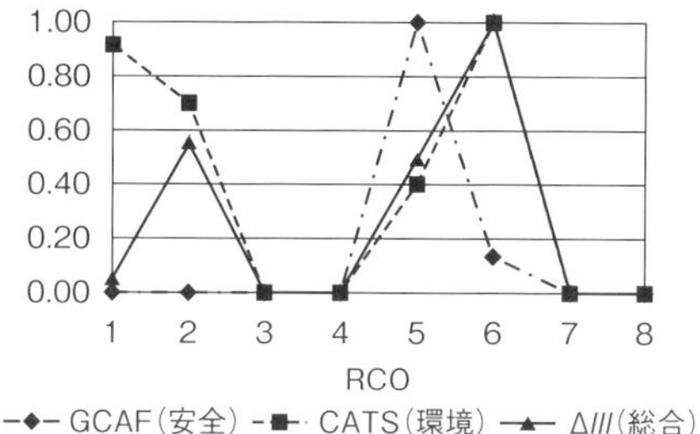

図 6･14　RCO の費用対効果評価結果
［柚井智洋，荒井誠，金湖富士夫：日本船舶海洋工学会論文集，**12**, 133 (2010)］

$\Delta III < 0$ であれば，RCO 導入の効果ありと判定する。図 6･14 は，GCAF，CATS および ΔIII の評価値を比較したものである。図の横軸は，8 個の RCO を示しており，縦軸は 3 つの指標の評価値を示す。ただし，それぞれの指標評価値は，最大値が 1 となるように規格化して表示している。ΔIII は，安全性能を評価する指標 GCAF と環境性能を評価する指標 CATS の両者の特徴を表現しており，それらの指標を単独に適用するよりも合理的かつ総合的な費用対効果の判定が可能である。以上述べたように原油タンカーのような大型構造物のリスク共生を評価する際には，安全性評価，環境性能評価をそれぞれ単独に行うのでは不十分であり，両者を包括的に考慮した評価を行うことが重要である。

6.3.3　海洋大型浮体構造物の安全性と稼働性能研究

a. 大型コンテナ船の損傷事故と構造安全性

近年，世界的な経済発展・海上貨物輸送量の増大に伴い，コンテナ船の大型化が飛躍的に進んでいる。図 6･15 は今世紀に入ってからの世界のコンテナ荷動き量推移を示す。世界の経済発展に伴い，リーマンショック時を除いてコンテナ貨物輸送量は増大の一途をたどっている。図 6･16 はコンテナ船が誕生して以来の最大船型更新の様子を表している。とくに 1990 年代半ばにパナマ運河を通峡できる最大サイズを超える船型が一般的になって以降，飛躍的な大型化が進んでいる。

このかつてない大型化にともなって，重大な損傷事故も発生している。2007 年には 4419 TEU 型の MSC Napoli 号，2013 年には 8110 TEU 型の MOL Comfort 号が機関室前端もしくは船体中央部で 2 つに折れる全損事故が発生し

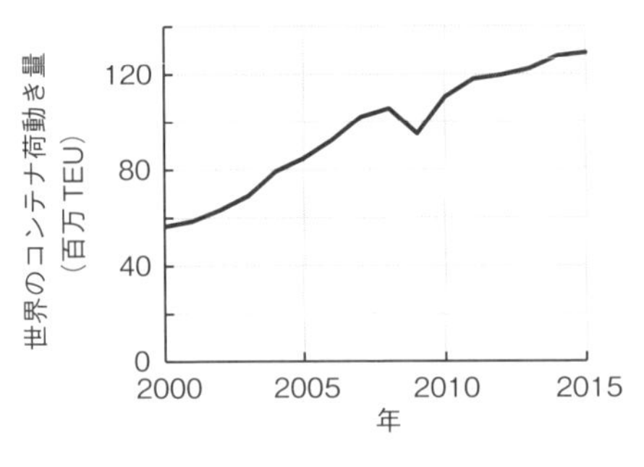

図 6･15　世界のコンテナ荷動き量の推移

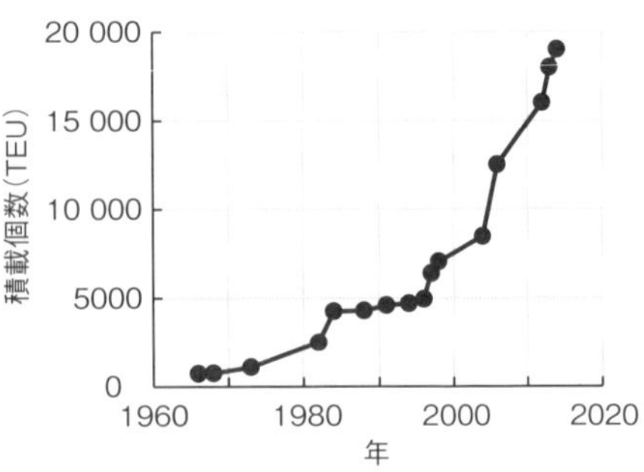

図 6･16　コンテナ船大型化の推移

た。これらの事故に関する詳細な事故調査[6,7]が行われた結果，前者の事故では船体前後部での船底外板の座屈強度に関する規則が不十分であったこと，後者の事故では二重底構造の曲げが想定以上に加わると船体縦曲げ最終強度が著しく低下すること，両事故に共通して船体が船首部に衝撃的な波浪荷重を受けたときに船体全体が大きく振動する，いわゆるホイッピングという現象が影響していることなどが指摘された。

船舶は予測できない波の上を航行する大型構造物であり，荷重や強度はある確率分布に従う。図 6･17 に荷重と強度の確率分布を模式的に示す。この確率分布のもと，ある時点で荷重が強度を上まわれば損傷が発生する。社会が許容できる合理的な範囲でいかにこの確率をマネジメントするかが重要である。損傷確率を低減するには荷重の平均値と強度の平均値（図中の一点鎖線の位置）を大きく離すことが一法である。しかしながらこの場合，構造重量，建造コストや環境負荷

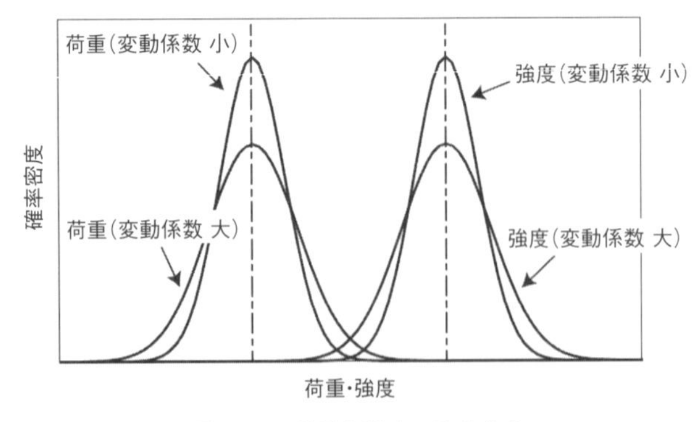

図 6･17　荷重と強度の確率分布

の増大など別の悪影響が生じる。一方，荷重と強度の平均値を変えなくても，確率分布をより狭いもの，すなわち変動係数の小さいものにすることができれば，損傷確率を下げることができる。従来，未知であるためにある程度の不確実性を想定せざるを得なかった現象を解明していくことで，より確実なリスクマネジメントが可能となる。

本研究ユニットでは強度・荷重の両面でこれに沿った研究を進めている。強度面では，コンテナ船の大型化に伴う二重底の曲げ影響の増大を考慮して，縦横の二軸応力作用下での船底防撓パネル最終強度を精度よく推定することが重要であり，これを考慮した最終強度計算式を考案し，スミス法に基づく縦曲げ最終強度計算プログラムに組み込んだ[8)]。ホイッピングによる船体応答は波浪応答に比べると高速な現象であり，その荷重に対する崩壊挙動の解明も重要である。そこで，弾塑性有限要素解析によりひずみ速度依存性を考慮した検討を行い，最終強度を超える短時間の荷重で残存変形が残ること，この残存変形により最終強度が低下することなどを示した[9,10)]。

荷重面では，前述した2つの事故の要因の1つといわれているホイッピング現象を解明することが重要である。そこで，ホイッピングによる船体縦曲げモーメントの増加を数値シミュレーションで精度よく推定することを目的として，ランキンソース法による船体運動計算と全船FEM（finite element method，有限要素法）を用いた応答計算を時刻歴で行うシステムを開発した[11)]。またこのシステムを用い，ホイッピングによる縦曲げモーメントは船体剛性が変化してもほぼ一定であること，波浪周波数成分，ホイッピング周波数成分の双方について，縦曲げと二重底面外曲げによる船底縦方向応力が同位相で重畳し，縦曲げ最終強度に影響を与え得ることを示した[12)]。

これらの研究により，荷重・強度の両面から現象の理解が進み，より合理的なリスクマネジメントが可能となると考えられる。

b.　大型浮体の波浪中安全性と稼働性能

世界第6位の排他的経済水域をもつ日本において，海洋における資源，エネルギーを開発するためには，資源探査技術，掘削・回収技術および生産基地としての浮体式大型構造物関連技術の確立が必須である。本研究ユニットでは，浮体式大型構造物の波浪中安全性と稼働性能の研究をサンパウロ大学と共同で実施している。本資料では，浮体式大型構造物の中でも最近注目が集まっている天然ガス開発用大型浮体（floating LNG production, storage and offloading unit，以下，FLNG[13]と液化天然ガス輸送船（LNG船）の安全性と稼働性能に関する研究を例として述べる。

FLNGは海底から回収した天然ガスを液化し貯蔵するための巨大な構造物であり，生産した液化天然ガス（liquefied natural gas：LNG）はシャトルタンカーに引き渡される。引き渡し時には何らかの方法でFLNGとシャトルタンカーが接続される必要があるが，有力な方法として2船を横並びにするサイドバイサイドとよばれる方式がある。サイドバイサイド方式には，既存のLNG船を特別な改造なしでシャトルタンカーとして利用できる運用上の利点があるが，2船が洋上において近接して並ぶため予期せぬ船体動揺による機器の損傷や2船の衝突が懸念されている。この問題を検討するため，大型水槽での模型実験を行うとともに，数値計算を実施して波浪中での2船の運動を調べた[14]。また，2船間の狭小水面において入射波が増幅される現象（ギャップレゾナンス）について検討した[15,16]。実施した研究の成果として，サイドバイサイド方式ではシャトルタンカーの船体運動が増幅される傾向があることが明らかになった。またギャップレゾナンスの影響により，向い波中では3倍，斜め波中では5倍に入射波浪が増幅される可能性があることが示された。とくに斜め波中では狭小水面の入口において波浪の極端な増幅が観測されたため十分な注意が必要である（図6・18）。

LNGを輸送する専用船であるLNG船の貨液格納タンクには，いくつかの方式があるが，その中で最大のシェアをもつメンブレン方式LNG船では，部分積み（partial loading）時にスロッシングとよばれるタンク内貨液（LNG）の激しい動揺の発生が危惧されている。したがって，通常，タンク内にはLNGを満載または空の状態で運航を行ってきた。しかしながら洋上でのLNG生産におい

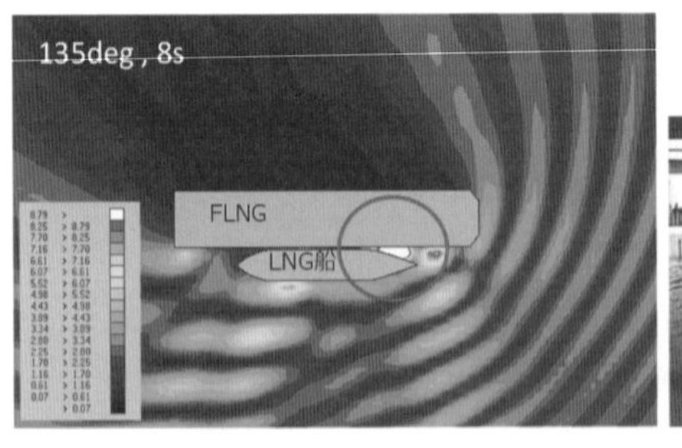

図6・18 2船間狭小水面入口の波浪増幅現象（左：数値計算，右：模型実験）

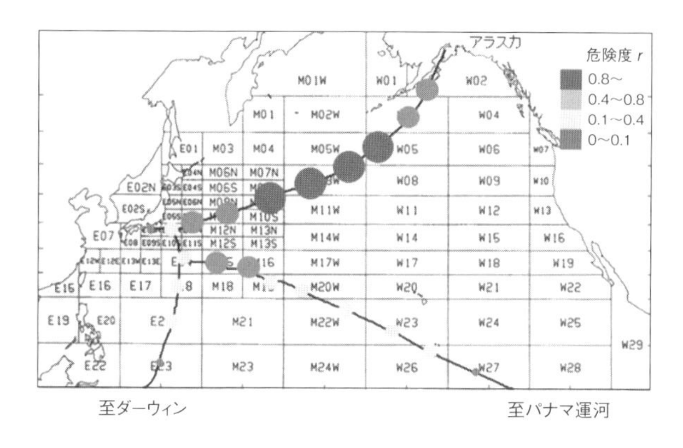

図 6･19　メンブレン方式 LNG 船の航路ごとのスロッシング危険度

ては，FLNG，シャトルタンカー（LNG 船）ともに部分積みを避けることができない。このため，激しいスロッシングによるタンク構造の損傷や，タンク内液体の動揺が船体運動に与える悪影響が懸念されている。本研究では，8 角形断面をもつメンブレンタンクや，球形タンクについて，模型実験と数値計算を行い，スロッシングの発生条件，タンク内液体動揺の様式，発生荷重などを調べた[17~20]。研究成果として，タンク内液体運動の様式を整理しそれぞれの運動様式の発生条件を示すチャートを作成した。また，太平洋の波浪データを使用することにより，スロッシング荷重の発生予測を行い，航路ごとの危険度を求めた(図 6･19)。さらに，タンク内液体運動と船体運動の連成影響を求めるための数値計算法を開発し，タンク内液体の船体運動への影響は液位が低い時に大きいことを示した[21,22]。連成運動計算には一般に大規模な数値計算が必要になるが，解析解と組み合わせることにより，連成問題を簡易に求める手法を提案し，設計上有効であることを示した[23]。

6.3.4　船舶運航における省エネ性能と安全性の研究

a.　排出ガス削減を目指した船舶の燃費改善技術

環境リスクの低減は全地球的課題であり，海事セクターにおいても，IMO による EEDI（エネルギー効率設計指標）を用いた船舶の二酸化炭素排出規制の発効に伴い，船舶の省エネ性能がますます重要になっている。船型最適化による抵抗低減は古くから研究されてきたが，CFD（計算流体力学）技術の進展と計算機能力の向上により，流体計算と非線形最適化手法を用いた設計最適化が実用の域に達しつつある。また，船舶の実海域における省エネ性能を考える際には，平水中の性能のみならず，波浪中の性能も重要である。波浪中の性能推定においては，波向きや波長，波高の影響を考慮するため，多くの波浪状態を考慮する必要があり，数値シミュレーションによるアプローチが効率的と考えられる。これらを背景として，コンテナ船を対象として船尾形状の最適化による抵抗低減[24)]と波浪中の抵抗性能評価[25,26)]の2つの課題に計算流体力学（CFD）手法を適用した。

コンテナ船において，船尾のトランザムの形状は船尾における波の生成と密接に関連しており，抵抗性能に対して大きな影響を与える。圧力抵抗の低減を目的関数として，トランザム形状を最適化した過程を図6･20に示す。図は圧力抵抗の初期形状との比を表しており，形状パラメータを変更した3ケースについて，いずれも8，9回の反復で圧力抵抗が4～6%低減していることを示している。図6･21は初期形状および最適形状を示している。形状パラメータによって，最適形状が異なることがわかる。

波浪中を航行するコンテナ船の船体運動を考慮した数値シミュレーションの結果を示す。図6･22は向かい波の中を航行するコンテナ船のまわりの波高の等高線[25)]である。波長は船長の65.5%，波高は波長の1.6%である。前方から入射する波の位相によって船体がつくる波との干渉が変化していることがわかる。船体運動および船体抵抗の計算値は実験結果とよい相関を示している。

図6･23に上海交通大学との共同研究として実施したシミュレーション計算[26)]から，波浪中の船体運動と圧力分布の時系列を示す。入射波の波長は船長の

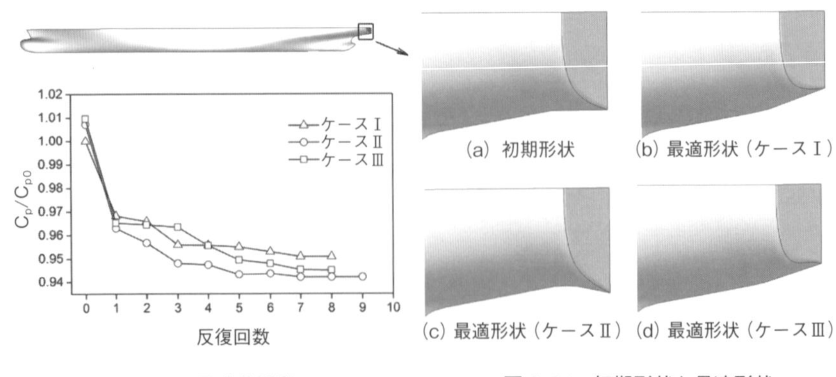

図6･20 最適化過程

図6･21 初期形状と最適形状

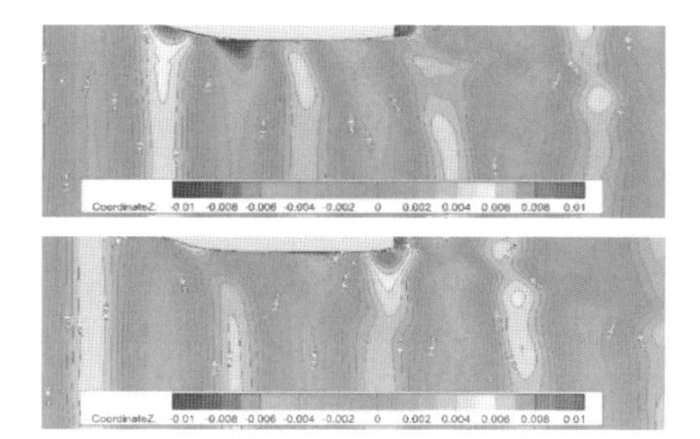

図 6･22　波浪中を航行する船体周りの波紋

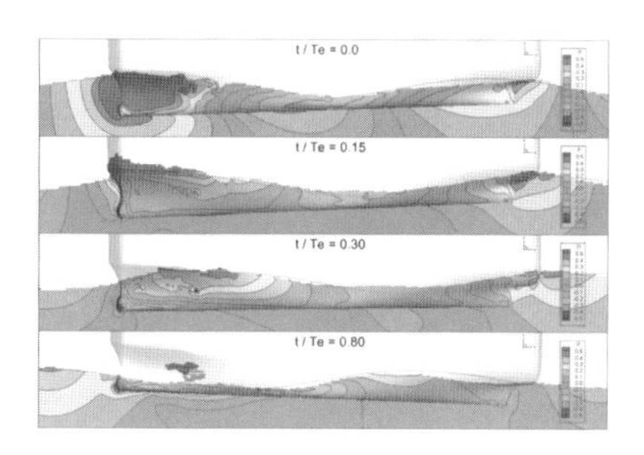

図 6･23　波浪中の船体運動と圧力分布

90%，波高は波長の 5.6%である。波浪との干渉で船体が大きく運動し，それにともなって船体表面の圧力が変化していることがわかる。ここでも波浪による抵抗増加の計算値は実験値をよく再現しており，数値シミュレーションによる波浪中性能評価の有効性が示された。

b. 波浪中の横揺れ性能改善技術

通常船舶は波に向かって航走する向波状態や，波が真後ろから入射する追い波状態では上下揺れ（heave），前後揺れ（surge），縦揺れ（pitch）の運動が支配的であるが，船舶の前進速度による出会い波周期と横揺れ（roll）周期の同調現象により，大振幅横揺れが発生する場合があり，これによりコンテナ船では搭載しているコンテナの大量流出などの事故が発生している[27)]。パラメトリック横揺れは船舶が傾いた際に元の位置に戻ろうとする復原力が周期的に変動し，その変動が横揺れを励振することにより発生するもので，出会い波周期が船舶の横揺れ固有周期の半分になったときに最も顕著に表れる。図 6･24 に示すように，① 直立から左舷側に傾き始めるとき，船体中央部が波の山にあり水線面積が減少し横復原力が小さくなり，横揺れが勢いづく，② 左舷側から直立へ戻ろうとする時，船体中央部が波の谷にあり水線面積が増加し横復原力は大きくなり，横揺れを助ける，③ 直立点を過ぎて右舷側に傾くとき，① 同様に横復原力は小さくなっているので横揺れが勢いづく，というように横復原力が横揺れを助長するタイミングでの変動を繰り返すことにより，大振幅のパラメトリック横揺れが発生する[27)]。

パラメトリック横揺れを抑制のために，船舶の横揺れ低減装置として実績のある，アンチローリングタンクを用いる研究[28)]もなされているが，事故が報告されている[27)]ようなコンテナ船では通常アンチローリングタンクは搭載されてい

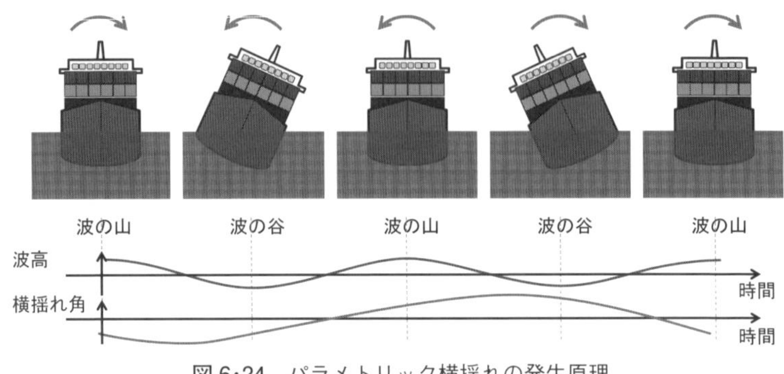

図 6･24　パラメトリック横揺れの発生原理

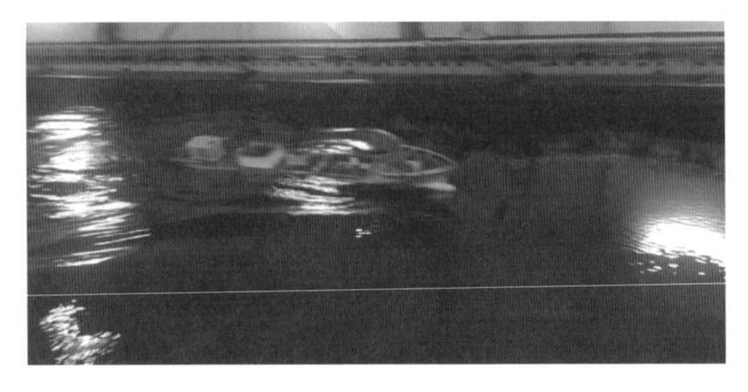

図 6･25　コンテナ船の縮尺模型（長さ（垂線間長）2.3 m）を用いた水槽実験の様子

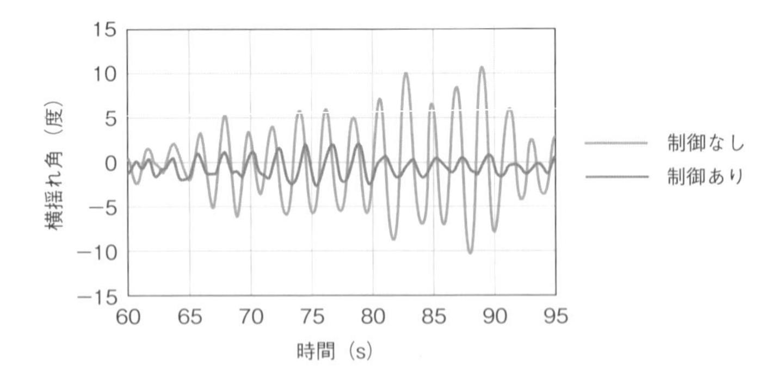

図 6･26　不規則波中における舵の制御の有無による横揺れ角の比較

ない。上海交通大学との共同研究において，① パラメトリック横揺れの早期検知，および ② 船舶には必ず設置されている舵を用いてパラメトリック横揺れを抑制する新たな方法を考案し，コンテナ船の縮尺模型を用いた水槽実験および数値計算により抑制効果の検証を実施しパラメトリック横揺れの早期判定，および舵の制御によるパラメトリック横揺れの抑制効果を確認することができた[29]。水槽実験の様子を図 6･25 に，また抑制効果の例として，模型船を不規則波中向波状態で航走させたときの横揺れ角の舵の制御なし・ありで比較した時系列を図 6･26 に示す。図 6･26 から，制御ありでの横揺れ角が制御なしの状態に比べて大幅に横揺れを抑制できていることが見てとれる。このときの最大横揺れ角は制御なしで 16°，制御ありで 7.7° であった。

6.3.5　持続可能社会実現と船舶海洋工学の役割展望

日本は資源が乏しく，エネルギー源，各種鉱物資源のほぼ 100％を輸入に依存している。このような状況は経済的にもまた地政学的にもきわめて不安定である。一方，陸域の外側に目を転じれば “海の黄金の国ジパング”[30] ともよぶべき豊かな海が，日本を取り巻いている（図 6･27）。すなわち，熱水に含まれた貴重な金属資源を噴出する海底熱水鉱床，各種の産業にとって重要な戦略資源である

図 6･27　日本周辺の海底鉱物資源の分布
［内閣府：海のジパング計画，http://www8.cao.go.jp/cstp/gaiyo/sip2015/26-29.pdf］

レアアースを豊富に含む海底土壌，海の底に眠るメタンハイドレードなどの有益な資源が排他的経済水域（EEZ）内に大量に存在することが近年の海洋調査により明らかになった。また，海のもつエネルギーを洋上風力発電や潮流・海流発電といった方法で得るための試みも積極的に進められている。これら海に眠る富を有効活用することは日本の持続的発展にとってきわめて重要であり，日本が長年育んできた世界最先端の船舶海洋工学関連技術が海洋の有効利用のために大いに貢献できる。本研究ユニットでは，海洋開発に必須の技術である大型浮体の安全性評価技術について研究を行った。海洋は近い将来，日本にとってエネルギー，鉱物資源を提供する源となり得るが，その一方で，持続的発展を遂げるためには海洋環境を守るための努力を継続的に行わなければならない。船舶からの排出ガス削減のために省エネ性能の高い船舶を設計する技術を開発することは，日本が得意とする研究分野である。また，船舶や海洋構造物からの油など危険物質の流出を避けるために安全な構造を設計する技術もまた日本が得意とする研究分野である。私たちが取り組んできた研究は，このような課題の解決に直結するもので，今後の日本および世界における持続可能社会の実現に大いに役立つと考えられる。

引用文献

1） 海洋基本法（平成19年法律第33号）.
2） 海洋基本計画（平成25年4月26日閣議決定），www.kantei.go.jp
3） 日本船舶海洋工学会IMPACT研究委員会：海洋の大規模利用技術に対する環境影響評価，日本船舶海洋工学会（2008）.
4） 柚井智洋，荒井 誠，金湖富士夫：日本船舶海洋工学会論文集，**12**, 133（2010）.
5） Wackernagel, M., Rees, W.E.: "Our Ecological Footprint", p.160, New Society Publishers (2007).
6） Marine Accident Investigation Branch: Napoli. Report No 9/2008.
7） 日本海事協会大型コンテナ船安全検討会，大型コンテナ船安全検討会報告書，p.94 (2014).
8） 成瀬慶晃，川村恭己，岡田哲男：日本船舶海洋工学会論文集，**23**, 239（2016）.
9） Kotajima, S., Okada, T. *et al.*: Proc. the 30th Asian-Pacific Technical Exchange and Advisory Meeting on Marine Structures (TEAM 2016), 338 (2016).
10） 古田島将，川村恭己，岡田哲男：日本船舶海洋工学会講演会論文集，**25**, 365（2017）.
11） 小早川広明，根木 勲ら：日本船舶海洋工学会論文集，**22**, 161（2015）.

12) 川崎洋平，根木 勲ら：日本船舶海洋工学会論文集，**25**，191（2017）.
13) Huijsmans, R. H. M., Zhan, Z. *et al.*: Proc. 19th International Ship and Offshore Structures Congress, **2**, 591（2015）.
14) 吉岡稜平，中尾 晃ら：日本船舶海洋工学会論文集，**27**（印刷中）.
15) Yoshioka, R., Nishimoto, K. *et al.*: Proc. the 31th Asian-Pacific Technical Exchange and Advisory Meeting on Marine Structure（TEAM 2017）, p.564（2017）.
16) Harada, T., Nishimoto K., *et al.*: Motions and safety of an FLNG and shuttle tanker during side-by-side offloading operations, *J. Eng. Marit. Environ.* (accepted).
17) Karuka, G.M., Arai, M., Ando, H.,: ASME 2017 36th International Conference on Ocean, Offshore and Arctic Engineering. DOI: 10.115/OMAE2017-61562.
18) Arai, M., Cheng, L.Y., Wang, X., Okamoto, N., Hata, R., Karuka, G. *et al.*: *Proc. PRADS 2016*, Paper ID 101, 7（2016）.
19) 畑 玲菜，吉田 巧ら：日本船舶海洋工学会論文集，**26**，165（2017）.
20) Karuka, G. M., Ando, H. *et al.*: 日本船舶海洋工学会論文集，**26**，175（2017）.
21) Wang, X., Arai, M.,: *J. Eng. Marit. Environ.*, **229**, 3（2015）.
22) Kawahashi, T., Nakashima, A., *et al.*: Proc. the 30th Asian-Pacific Technical Exchange and Advisory Meeting on Marine Structure（TEAM 2016）, p.218（2016）.
23) Nakashima, A., Arai, M., Nishimoto, K.: 日本船舶海洋工学会論文集，**26**，81（2017）.
24) Duy, T.-N., Hino, T.: 日本船舶海洋工学会論文集，**22**，1（2015）.
25) 播秀明，日野孝則，鈴木和夫：日本船舶海洋工学会講演会論文集，**23**，153（2016）.
26) Chen, S., Gu, X.: *J. Mar. Sci. Tech.*（2017）. DOI: 10.1007/s0077
27) 池田良穂，内藤 林ら（日本船舶海洋工学会 能力開発センター 監修）：“船体運動・耐航性能　初級編”，成山堂書店（2013）.
28) 橋本博公，末吉 誠，峯垣庄平：日本船舶海洋工学会論文集，**6**，305（2007）.
29) Liwei Yu, Hirakawa, Y., *et al.*: *J. Mar. Sci. Tech.*, **23**, 141（2017）.
30) 内閣府：海のジパング計画，http://www8.cao.go.jp/cstp/gaiyo/sip/sympo1810/kaiyou2017.html

6.4 水素ステーションの安全性評価と社会実装

コンビナート・エネルギー安全研究ユニットでは，日本の経済発展を支えてきた産業インフラである石油コンビナートならびに各種エネルギーの製造，利用，消費などにかかわる安全研究を課題として，それら技術システムの有するリスクを的確に把握し，現代社会において適切に利活用するための情報を社会に提供することを目的とした研究活動を展開している。

本節では，近年技術開発が進み，その社会実装が強く望まれている水素エネルギー社会の構築に向けた取り組みの１つとして注目されている，水素を燃料とする燃料電池自動車に水素を充填するための施設である水素ステーションについて，リスクアセスメントに基づく安全性評価と施設を取り巻く保安規制の合理化や見直しに資する情報，さらには施設の安全から地域社会の受容を得て社会実装するための手順や方法について概説する。また，これらにより，先端技術システムが社会実装にいたる事例として紹介する。

6.4.1　研究の背景と社会的意義

イノベーションは新たな価値を創生することであり，そこではチャレンジが不可欠であるが，チャレンジには常にリスクが伴うことから，システムのリスクを適切に把握し，評価することが重要である。また，新たな技術システムの社会実装をスムーズに進めるための有効な方法の１つとして，安全やリスクに関する考え方を法規制や技術基準に織り込むことがある。本節では，筆者らが進めている研究課題の１つとして水素ステーションの安全性評価について紹介することにより，先端技術システムの社会実装への道筋について概説する。

水素エネルギーに関する研究開発は，1970 年代以降，新エネルギー技術開発のためのサンシャイン計画や省エネルギー技術開発のためのムーンライト計画などに代表される国家的なプロジェクトとして推進されてきた。その１つの開発事例として水素を燃料として用いる燃料電池自動車（FCV）の開発があるが，自動車とともに，自動車に充填するための高圧水素を取り扱う水素ステーションの開発と建設，設置も重要な課題である。高圧ガスとしての水素を安全に取り扱うためには高圧ガス保安法に定められる規制を遵守する必要があるが，昭和 26 年に制定された同法では水素ガスを市街地で扱うことは想定していないため，同法で定められている多くの規制をクリヤするためには相応の堅牢な設備と安全を担保するための設備間の保安距離，火気離隔距離などが必要であった。さらに，ユーザーの利便性を高めるため，同一敷地上に給油取扱所（ガソリンスタンド）と水素ステーションの併設が期待されているが，この場合には，高圧水素を取り扱う高圧ガス保安法とともに，ガソリンなどの危険物を管理する消防法，さらには建築基準法のいずれをも満たす必要があることから，広大な敷地面積が必要となり，とくに都市部での建設，設置は非常に困難であり，社会実装が進まない大きな要因となっていた。

そこで，水素ステーションならびに水素ステーション併設型給油取扱所についてリスクアセスメントを実施し，適切な安全要件を設定することによりリスク低減が可能となれば，これにより規制を合理化し，新技術システムとしての水素ステーションの建設，設置が可能となるとして検討が進められてきた。さらに，技術的な安全を示し，法的要求事項を満たすだけでは地域住民の理解が得られず，建設，設置が進まない現状を勘案し，事業推進者の視点のみではなく，一般市民の目線から水素ステーションの社会受容性に関する検討も実施し，これらを包括する社会総合リスクなるフレームワークを提案し，社会実装を導くための方法論について次項以降に概要を紹介する。なお，これらの検討の一部は，消防庁消防防災科学技術推進制度「水素ステーション併設給油取扱所の安全性評価」（平成26～27年度）ならびに内閣府戦略的イノベーション創造プログラム（SIP）「エネルギーキャリアの安全性評価」（平成26～30年度）により実施した。

6.4.2　リスク共生における位置づけ

水素ステーションのリスク評価はこれまで複数の研究機関や事業者が実施しており，それらをもとに，国が法規制やガイドラインの策定および見直しを実施してきた。水素ステーションは，オフサイト型（高圧水素，液化水素）とオンサイト型（LPG，有機ハイドライドなど）に分類され，さらにガソリンスタンドが同一敷地内にある水素ステーション併設型給油取扱所も存在する。それぞれのタイプの水素ステーションに対してリスク評価が実施され，法規制やガイドラインの整備がされ，現在ではオフサイト型の水素ステーションをはじめとしていくつかのタイプの水素ステーションが運用されている。一方で，2017年6月9日に閣議決定した「規制改革実施計画」[1)]における「次世代自動車（燃料電池自動車）関連規制の見直し」では，37項目の見直し事項を宣言している。その多くは，個別の技術開発であるが，「最新の知見を踏まえ，水素スタンドのリスクアセスメントを事業者等が有識者及び規制当局の協力を得て再実施するとともに，当該リスクアセスメントの結果に基づき，水素スタンド設備に係る技術基準の見直しを検討し，結論を得た上で，必要な措置を講ずる」との項目がある。これは，包括的なリスクアセスメントによって，法規制の見直しを検討する必要性を示している。さらに，「次世代自動車（燃料電池自動車）関連規制の見直しの水素・燃料電池自動車関係の各検討項目について，規制当局，推進部局，事業者・業界等の関係者，有識者を交えた公開の場での検討を開始する」との項目が設定され，府省庁を横断した議論の場が設けられることになった。上記のように，安全性を確保することは非常に重要であるが，それだけ考慮すればよいわけではない。とりわけ，水素ステーションにおいては，各設備において低コスト化が求められている。当ユニットにおける研究では，それに先駆けて，安全面に関するリスクだけではなく，経済面，環境面に関するリスクも対象とした社会総合リスクという概念を示し，社会総合リスク評価を行っている。以下に，その評価手法について紹介する。

6.4.3 研究方法

a. 社会総合リスク

本研究において，社会総合リスクを「生命 / 健康 / 環境などの安全に関する影響に加えて，生活や社会活動・価値に関する影響も合わせた，社会の安全と活動に関する総合リスク」，リスクについては ISO 31000 に従って「目的に対する不確かさの総合的な影響」[2]と定義した。また影響を「期待されていることから，良い方向及びまたは悪い方向に逸脱すること」と定義し，リスクにより生じる正負の影響両方を考慮する。図 6･28 に，本研究で対象とする主体および影響分野をシステムの関係性で位置分けした図を示す。システム内あるいはシステム周辺

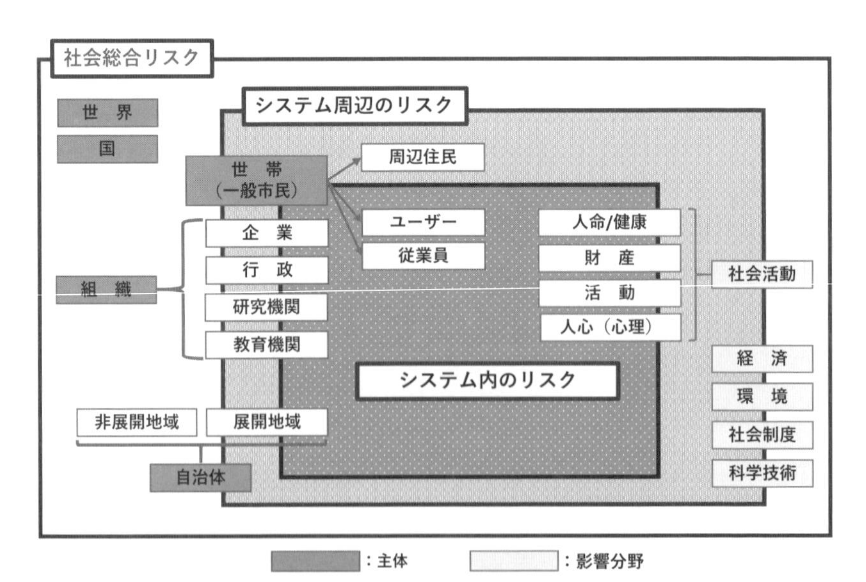

図 6･28　社会総合リスクで対象とする主体と影響分野

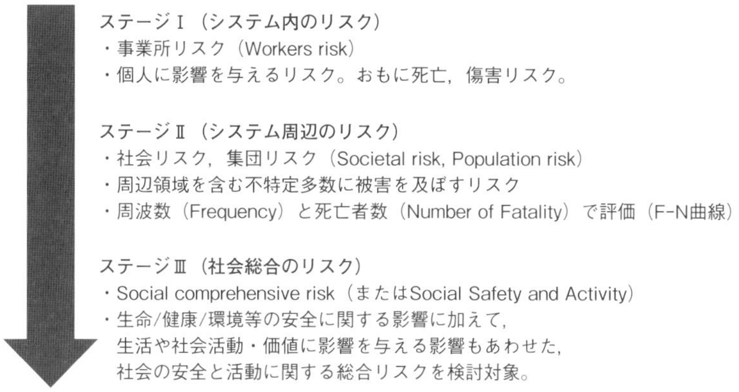

ステージⅠ（システム内のリスク）
・事業所リスク（Workers risk）
・個人に影響を与えるリスク。おもに死亡，傷害リスク。

ステージⅡ（システム周辺のリスク）
・社会リスク，集団リスク（Societal risk, Population risk）
・周辺領域を含む不特定多数に被害を及ぼすリスク
・周波数（Frequency）と死亡者数（Number of Fatality）で評価（F-N曲線）

ステージⅢ（社会総合のリスク）
・Social comprehensive risk（またはSocial Safety and Activity）
・生命/健康/環境等の安全に関する影響に加えて，
生活や社会活動・価値に影響を与える影響もあわせた，
社会の安全と活動に関する総合リスクを検討対象。

図 6･29　社会総合リスク評価の流れ

の安全面のリスクを分析するとともに，経済や環境を含む多様なリスクを調査することで，社会状況に沿った先端科学技術システムのあり方を検討することが可能となる。図 6･29 に，社会総合リスク評価の流れを示す。ステージ I ではシステム内のリスク評価，ステージ II ではシステム周辺のリスク評価，ステージ III ではシステムの社会総合リスク評価を行う。ステージ I からステージ III へ，従来の安全の考え方を包含しながらもより幅広い枠組みで安全を考慮している[3)]。

b. 水素ステーションの社会総合リスク評価

図 6･29 において，ステージ I とステージ II のリスク評価は，(1) 水素ステーションモデルの設定，(2) 事故シナリオの抽出，(3) リスク分析，(4) 定量的解析による安全対策の検討の流れで実施した。以下に，各項目の説明を示す。

(1)　水素ステーションモデルの設定：　各タイプの水素ステーションにおいて設備の設置個所や仕様などを決定した。

(2)　事故シナリオの抽出：　設定したステーションモデルについて事故シナリオの抽出を行うために，HAZID 解析（hazard identification study）を実施した。HAZID 解析は，ガイドワードをもとに想定される事故シナリオをブレインストーミング形式で網羅的に抽出する手法であり，システムの内的事象のみならず，自然事象を含む外的事象に起因する潜在危険を抽出することが可能である。HAZID 解析で用いたガイドワードは，自然事象に関するガイドワード（地震，津波，台風など），外部事象に関するガイドワード（航空機墜落，自動車衝突，放火など），レイアウトに起因するガイドワード（隔離，アプローチ，避難），プロセスに起因するガイドワード（温度上昇，異常反応など）など，さまざまな原因を網羅できるように設定した。

(3)　リスク分析:　HAZID解析で抽出した事故シナリオについて，発生頻度と影響度を算出し，リスクマトリクスを用いてリスク分析を行った。発生頻度ランクは，4段階にレベル分けし，いちばん高い発生頻度をレベル4とし，数年に1回程度もしくはそれ以上と定義した。レベル3，2，1は，それぞれ数十年に1回程度，数百年に1回程度，数千年に1回もしくはそれ以下と定義した。影響度ランクは，5段階にレベル分けし，いちばん高い影響度をレベル5とした。また，影響度は，設備に対する影響と人に対する影響の2種類を考慮した。レベル5は，敷地外の隣接建屋が全壊する程度のきわめて重大な災害，もしくは周辺住民，歩行者の死亡災害と定義した。レベル4は，敷地外の隣接建屋が半壊する程度の重大な災害，もしくは顧客，従業員の死亡災害，レベル3は，敷地外の隣接建屋の窓ガラスは大小かかわらず壊れ，窓枠にも被害が及ぶ程度の中規模災害，もしくは入院が必要な重傷災害，レベル2は，敷地外の隣接建屋一部の窓ガラスが破損する程度の小規模災害，もしくは通院を伴う休業災害，レベル1は，敷地外の隣接建屋に影響なし，もしくは通院を伴わない軽微な災害と定義した。上記の定義によって，定性的リスク評価を実施した。また，それぞれの事故事例に対して有効な安全対策をあげ，安全対策の前後のリスクを評価した。その結果を用いて，安全上重要な設備（safety critical element：SCE）を抽出した。そのSCEに対して，保守運用に資する情報であるパフォーマンススタンダード（performance standard：PS）を作成した。

(4)　定量的解析による安全対策の検討:　リスク分析の結果，高リスクと判断されたシナリオについては，詳細な定量的解析を実施し，安全対策を検討した。

ステージIIIのリスク評価は，水素ステーションの導入・普及がもたらすリスクを，主体，影響分野ごとに整理し（表6･1），一般市民・有識者などの社会的な価値を反映することで社会的に優先度の高いリスクを絞り込んだ。また，その中から重要なリスクとリスクシナリオを分類し，重大な影響を及ぼす可能性のあるリスクについて詳細な分析を行った。さらに，各リスクへの対策候補群の洗い出しを行った。この結果により，従来のリスク評価（生命/健康/環境などの安全に関する影響）に加えて，生活や社会活動・価値に影響を与える影響も合わせた，社会の安全と活動に関する総合的かつ分野横断的なリスク評価を行った。

表 6･1　社会総合リスクで考慮した主体と影響分野

	社会生活				経済	環境	社会制度	科学技術
	人命･健康	財産	生活	人心				
世　帯								
組　織								
自治体								
国　家								
世　界								

6.4.4　主要な研究成果

a.　液化水素貯蔵型水素ステーション併設給油取扱所のステージ I とステージ II のリスク評価

液化水素貯蔵型水素ステーション併設給油取扱所を対象にしたステージ I とステージ II のリスク評価を紹介する。まず，図 6･30 に示す液化水素貯蔵型水素ス

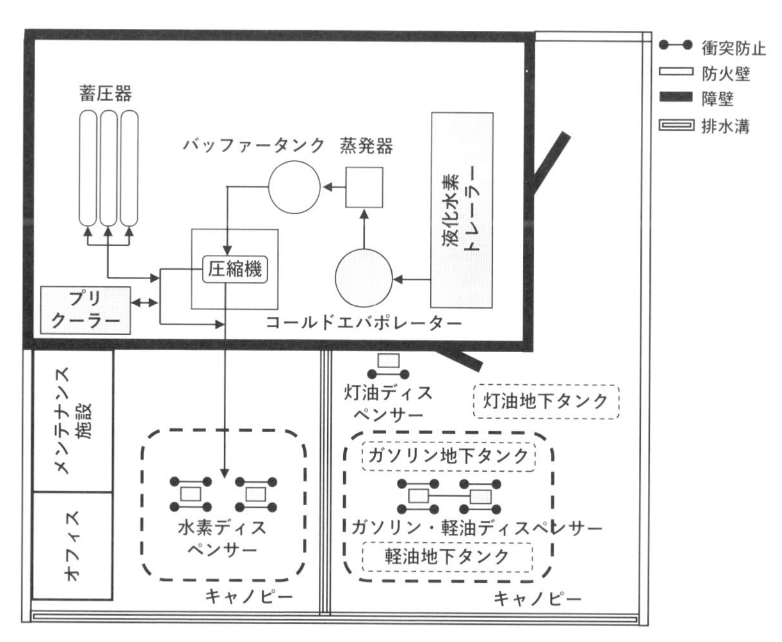

図 6･30　液化水素貯蔵型水素ステーション併設給油取扱所のモデル
[J. Nakayama *et al.*: Proc. 11th Global Congress on Process Safety, p.143(2015)]

表6・2 HAZID解析で抽出した事故シナリオの一例

ガイドワード	原因	結果	安全対策前		既存の安全対策	安全対策後		アクション
			影響度	発生頻度		影響度	発生頻度	
	ガイドワードをベースに想定した事故シナリオの原因を記述	事故が発生した場合の結果を記述			該当事故シナリオに対する既存の安全対策を記述			対策や検討事項など議論された場合に追加される安全対策
地震	配管などの破断による液化水素の漏洩	① 漏洩 ② 拡散 ③ 着火 ④ 爆発 ⑤ 人，設備の被災	5	3	I. 設計時 (1) 地震検知器 (2) 緊急遮断弁 (3) 障壁 (4) 耐震設計 (5) 防火壁 II. 建設時 III. 運転時 IV. 保全時	3	1	

テーション併設給油取扱所のモデルとガイドワードを用いて，事故シナリオの抽出を行った。表6・2に，HAZID解析で抽出した事故シナリオおよび定性的評価結果の一例を示す。これらの結果を用いて，それぞれの事故シナリオに対して有効な安全対策を明らかにし，とりわけ，影響度の高い重大な事故シナリオの被害を軽減するSCEを明らかにした。液化水素貯蔵型水素ステーション併設給油取扱所におけるSCEは，以下の16の安全対策である。① 安全弁，② 火炎検知器，③ ガス検知器，④ 換気，⑤ 緊急停止装置，⑥ 材料選定，⑦ 遮断弁，⑧ 障壁，⑨ 設備間距離，⑩ 大気拡散，⑪ 耐震設計，⑫ 点検，⑬ 二重殻構造，⑭ 排水溝，⑮ 防火壁，⑯ 漏洩検知器（50音順）。SCEに対しては，それらが有効に作用すると考えられる事故シナリオ，必要だと考えられる設備，必要とされる性能，法令で定められている性能，機能の維持方法をまとめたPSを作成した。その一例として，ガス検知器のPSを表6・3に示す。図6・31に，すべての事故シナリオの影響度と発生頻度を安全対策の設置前後でまとめたリスクマトリクスを示す。この中で，併設特有なシナリオでありリスクが高い，ガソリンディスペンサーでのプール火災が液化水素貯槽に影響を与える事故シナリオ（図6・32）について，安全性の検討を行った。図6・33に示すように，ガソリンディスペンサーと液化水素貯槽の位置によって，輻射熱の影響がどう変化するのかをシミュレーションによって検証し，安全距離を検討した。その結果，以下の法規制の改正に貢献した。

表6･3　パフォーマンススタンダードの一例（ガス検知器）

安全対策の名称	ガス検知器（水素）			
安全対策の目的	火災および爆発，また，その被害を防ぐために，水素ガスおよび水素蒸気を検知し，警報を鳴らすとともに，遮断弁や緊急停止装置などで水素ガスおよび水素蒸気の漏洩を防ぐ措置			
ガイドワード	◆ 自然事象：地震，津波，高潮/洪水，落雷，落石，雪，雨，雹，強風/竜巻 ◆ 外部事象：自動車の衝突，放火，意図的な破壊行為（斧など），近隣施設の爆発（爆風・飛来物），近隣施設の火災（輻射熱） ◆ 敷地内事象：敷地内火災，誤操作・誤判断，消火活動，水素漏洩 ◆ その他：中毒性物質/窒息，可燃性物質，爆発性物質，貯蔵物，火災，爆発，発熱			
HAZID解析	▼ 自然事象，外部事象，ヒューマンエラーに起因する高圧水素関連設備の破損に伴う水素漏洩を検知し，事故の発生頻度を低減する。 ▼ 自然事象，外部事象，ヒューマンエラーに起因するディスペンサーの破損に伴う水素漏洩を検知し，事故の発生頻度を低減する。			
該当する設備	水素ディスペンサー上部，有機ハイドライドシステムの制御盤，高圧水素関連設備			
性　能	要求性能	法令の性能	現状	機能の維持方法
機能性 信頼性 残存性	・水素を検知し，警報を鳴らすとともに，遮断弁と緊急停止装置を作動させる。 ・ガス検知器とともに点検により水素の漏洩を検知する。 ・所定の耐震性能を有する。 ・所定の環境性能（適切な場所に設置されていること）を有する。	高圧ガス保安法規集第14次改訂 第7条の3第1項第7号 第7条の3第2項第16号 高圧ガス保安法令関係例示基準資料集（第7次改訂版） 23. ガス漏洩検知警報設備及びその設置場所		
依存性	ガス検知器（水素）⇒ 警報，ガス検知器（水素）⇒ 遮断弁，ガス検知器（水素）⇒ 緊急停止装置			
備　考				

「危険物の規制に関する規則の一部を改正する省令」――液化水素貯蔵型水素ステーション併設給油取扱所において，液化水素の貯槽を設ける場合には，固定給油設備又は固定注油設備から火災が発生した場合にその熱が当該貯槽に著しく影響を及ぼすおそれのないようにするための措置を講ずること――。

（2015年6月5日に公布，総務省令第56号）

b. 有機ハイドライド型水素ステーション併設給油取扱所のステージⅠとステージⅡのリスク評価

有機ハイドライド型水素ステーション併設給油取扱所も，液化水素貯蔵型と同

安全対策前

		発生頻度			
		1	2	3	4
影響度	5	21 (0)	150 (39)	221 (17)	61 (0)
	4	28 (0)	105 (16)	209 (30)	50 (0)
	3	1 (0)	0 (0)	1 (0)	0 (0)
	2	0 (0)	2 (0)	0 (0)	0 (0)
	1	0 (0)	1 (0)	0 (0)	0 (0)

➡

安全対策後

		発生頻度			
		1	2	3	4
影響度	5	3 (0)	0 (0)	0 (0)	0 (0)
	4	135 (29)	43 (3)	0 (0)	0 (0)
	3	226 (21)	115 (9)	23 (0)	0 (0)
	2	212 (40)	50 (0)	0 (0)	0 (0)
	1	3 (0)	0 (0)	0 (0)	0 (0)

図 6･31　安全対策前後の液化水素貯蔵型水素ステーション併設給油取扱所のリスクマトリクス
（　）は併設リスク。

[J. Nakayama *et al.*: Proc. 11th Global Congress on Process Safety, p.148(2015)]

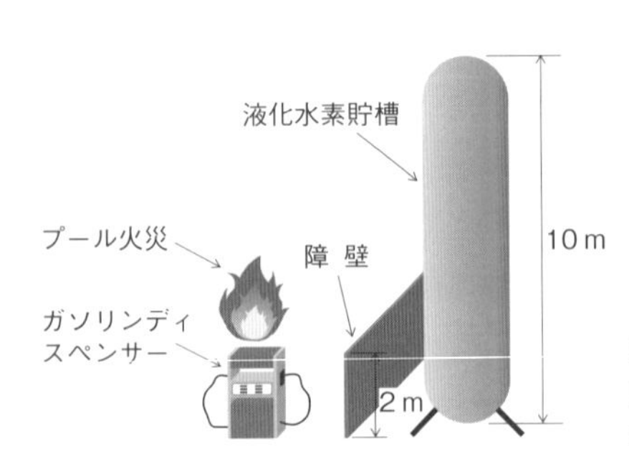

図 6･32　事故シナリオの概要図

[J. Sakamoto, A. Miyake, *et al.*: *Int. J. Hydrogen Energy*, **41**(3), 2098(2016)]

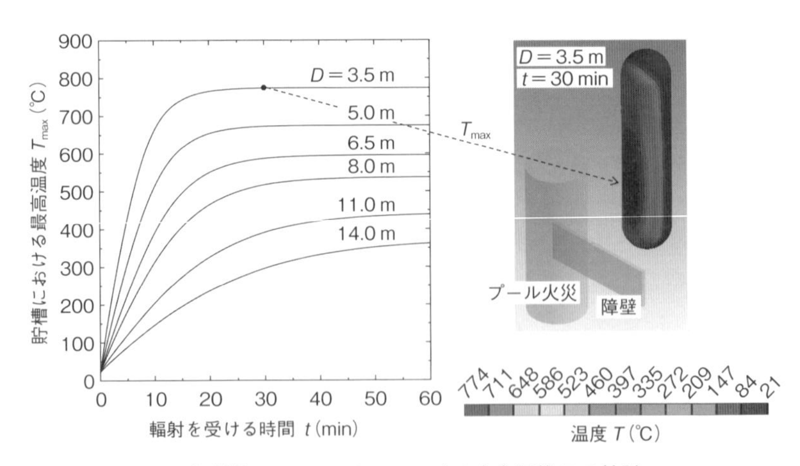

図 6･33　輻射熱シミュレーションによる安全距離 D の検討

[J. Sakamoto, A. Miyake, *et al.*: *Int. J. Hydrogen Energy*, **41**(3), 2100(2016)]

図 6・34　燃料電池自動車 MIRAI の納車記念セレモニー（2016 年 1 月 4 日）の様子

様に，リスク評価を行った。そのおもな成果として以下の法規制の策定に貢献した。

「消防組織法第 37 条の規定に基づく助言」―― 有機ハイドライド型水素ステーションにおいて，有機ハイドライドの一つであるメチルシクロヘキサンから水素を製造する施設を，一般取扱所として取り扱うこと――

（2016 年 3 月 1 日通知，消防危第 37 号）

c. ステージ III のリスク評価

社会総合リスク評価に関しては，評価の枠組みを構築するだけではなく，市民の受容性を調査するために，一般市民アンケート，有識者ヒヤリングなど，さまざまな取り組みを行っている。その中で，社会実装研究のための実験車として，首都圏の大学では初めてとなる燃料電池自動車 MIRAI を導入した（図 6・34）。これにより，現在普及段階にある燃料電池自動車を実際に見，触ってみることで，未知性に基づく不安感や否定的な印象がどのように変化し，社会受容性にどのような影響をもたらすかについて検討を行っている。

6.4.5　リスク共生社会構築への展望

本節では，リスクアセスメントに基づいて安全性検討を実施した水素ステーションの社会実装事例について概説した。

リスク共生社会においては，さまざまなリスクや不確実性とそれらによって得られる便益とを比較したうえで，意思決定を行う者が適切な選択判断を下すための論理性に基づく方法論が重要である。新たな技術システムの社会導入を検討する場合，従来行われてきた技術面におけるリスク分析と評価だけでは不十分であり，一般市民や周辺環境，行政やマスコミなど，システムを取り巻くステークホルダーとのコミュニケーションが不可欠であり，安全から安心を導く取り組みが必要である。

安心を獲得するには，技術的なリスク分析，評価から得られる安全が大前提であるが，これに安全情報を発信する者や組織に対する信頼，さらには情報を受け取る側の受容性が必要である。それらはすなわち，市民の情報リテラシー，そして対象事象に対する慣れと補償が備わってこそ安心につながり，社会実装実現にいたるわけであるが，いずれにせよ，議論の透明性，結果判断の客観性と科学的合理性が求められており，これらによりリスク共生社会の構築が実現できると確信する。

引用文献

1) 内閣府：規制改革実施計画，平成 29 年 6 月 9 日，http://www8.cao.go.jp/kisei-kaikaku/suishin/publication/170609/item1.pdf
2) ISO 31000: 2009 (Risk Management – Principles and guidelines).
3) 中山 穣，三宅淳巳ら：水素エネルギーシステム，**42**(3), 138 (2017).

参考文献

・ J. Nakayama, A. Miyake, *et al.*: *Int. J. Hydrogen Energy*, **42**(15), 10636 (2017).
・ 三宅淳巳：セイフティエンジニアリング，**184**(3), 14 (2016).
・ J. Sakamoto, A. Miyake, *et al.*: *Int. J. Hydrogen Energy*, **41**(46), 21564 (2016).
・ J. Nakayama, A. Miyake, *et al.*: *Int. J. Hydrogen Energy*, **41**(18), 7518 (2016).

6.5 インフラ安全の評価と管理システム

1950 年代半ばから 1970 年代の半ばまでの日本の高度成長期に大量につくられた高速鉄道や高速道路などのインフラストラクチャー（以後，インフラと略称）が建設後 50 年前後を迎え，高齢化とともに事故リスクが高まっている。建設後 40 年を経過した笹子トンネルの 2012 年 12 月の事故はそれを象徴する事件であった。インフラは現在，総額にして 850 兆円に達するといわれている。事故リスクを低くしつつ，維持管理費用の減らすことは国家的な課題といえる。いうまでもなく，日本は地震，豪雨などの災害リスクも高く，この面からのインフラの強靭化も併せて大きな課題である。

社会インフラの安全研究ユニットは，徐々にではあるが日常的に進行する劣化に対するストックマネジメントと非日常的で突発的に発生する災害に対するリスクマネジメントの双方を対象にし，リスク低減のための技術ならびにマネジメントを研究する。とくに，橋梁などのインフラ構造物の監視（モニタリング）による状態把握とそれをベースとしたモデリングの研究に重点を置いている。このことにより，適切な措置が施せ，将来を含めたインフラ構造物の挙動に関する不確定性が減少し，インフラの事故災害リスク低減につながる。

6.5.1 研究の背景と社会的意義

道路，鉄道，港・空港，上下水道などのインフラは私たちの生活，経済活動に欠かせないものである。歴史作家である塩野七生は，人間が人間らしい生活をするのに必要な大事業であり，インフラほどそれをなした国民の資質を表すものはないと記している[1)]。

経済学者宇沢弘文が定義した3つの“社会的共通資本”，すなわち，自然環境，制度資本と並んで，インフラはその1つを形成すると述べている[2)]。2012年に発表された国連大学の包括的「富」報告書[3)]では富の指標として，自然資本，人工資本と人的資本の3つをあげ，1970年代からの宇沢の主張である“社会的共通資本”の概念が強く反映されている。ここでいう人工資本にはインフラが大きな割合を占める。

このように，インフラは豊かな生活，経済活動の基盤をなすだけでなく，国としての国際競争力にも大きく影響する。インフラの総額は2006年の時点ですでに800兆円を超えており，現時点では850兆円を超えると推定される。この膨大な量のインフラは基本的には人工物であり，時とともに劣化し，また地震，強風，豪雨などにより損傷を受ける。

インフラの特徴の1つに個体性の大きさがある。すなわち，1つひとつを設計・施工・製作し，それが非常に長い間，1つひとつが異なる環境におかれる。技術の未熟，設計・施工の不備などの理由で初期から欠陥を有しているものも時にはあるし，時とともに大きく劣化するものもある。劣化の速度も1つひとつが異なる。つくった年代によっても基準が異なり，性能も異なる。

米国では1970年前後に劣化による落橋事故が続き，2年に1度の定期点検が

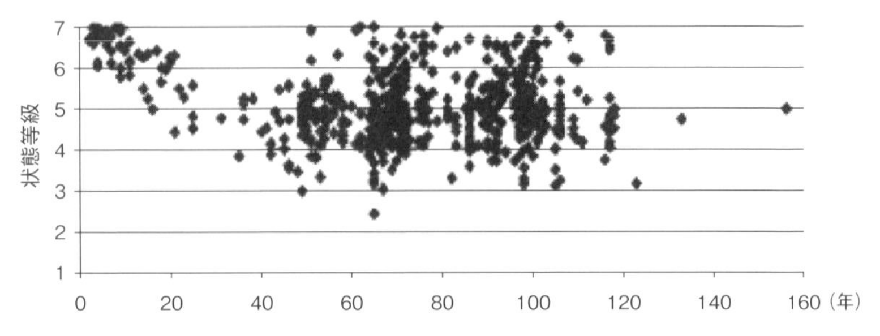

図 6·35 ニューヨーク市の橋梁の健全度（状態等級）と供用年数との関係
［ヤネフ，B. 著，藤野陽三 訳：“橋梁マネジメント”，p.472，技報堂（2009）］

1970 年台の半ばに義務化された。図 6·35 に示すのはニューヨーク市の橋梁の構造健全度（状態等級）と供用年数との関係である[4)]。時間が経つにつれ等級のばらつきが広がり，60 年，80 年を経ると大きな差があることが理解できる。もちろん，値には補修の効果も入っているが，経年しても満点に近いものが多い一方，等級の低いものも出てくる。この低いものを的確に抽出することが必要である。

重要なことは，個体差の大きい，1 つひとつのインフラの状態を把握，監視し，将来を含めて個々のインフラ性能を的確に評価すること，すなわち評価の不確定性を小さくすることである。これにより補修，補強のプライオリティをつけることができ，限られた予算の中での執行順位が決定され，マネジメントが可能になる。当然，予算，資源は限られており，また，すべてのことが 100％の精度で予測できないので，必然的にリスク共生の概念が入ってくる。

本研究ユニットの代表である藤野は，1990 年代半ばから，実際のインフラの状態把握・監視の重要性を指摘し，研究実績をあげるとともに，“Encyclopedia of Structural Health Monitoring”[5)]を編纂するなど構造ヘルスモニタリングの分野で世界におけるリーダーの 1 人として活動している。

6.5.2 リスク共生における位置づけ

インフラにはさまざまなものがあるが，なかでも最も私たちの生活に近く，インフラの中でも占める割合が高いのが道路であろう。日本は気候の変化に富み美しい国土を形成しているが，その一方で移動する大陸プレートの沈み込むところに位置するため，さまざまな力を受けて国土は急峻な地形から構成され，地盤も軟弱なところが多く，脆弱性が高い。それに代表される道路は，トンネル，橋梁，盛土，切土などの連続となり，人工物の比率が非常に高い。橋やトンネルは，鋼やコンクリートでできており，これらは時間とともに劣化し脆弱化する。地盤も時とともに風化し，脆弱性が進行することが最近明らかになっている。いずれにせよ英国，フランスのように，自然地形の上につくられ，人工物の比率の少ない道路や鉄道とは大きく異なる。

加えて，世界有数の地震国，台風の常襲地帯である。集中豪雨も多く，ハザードに満ちている。ハザードリスクはハザードと脆弱性の積，場合によっては確率を加えた 3 つの積として定義されるが，日本のインフラリスクの高さは世界トップといえる。図 6･36 に示すのは自然災害による経済的損失である。日本は米国に次ぎ世界 2 位であり，ヨーロッパ各国の数倍であることを示している。私たちは自然災害リスクには背を向けられない状況におかれている。

道路は国のまさしく動脈であり。高速道路のような大動脈から，町村の中の毛細血管まで，さまざまな経済活動をサポートしており，ストックのマネジメントに加え，リスクマネジメントも重要である。

1995 年の兵庫県南部地震において，都市インフラである都市内高架橋，鉄道，港湾施設などが大きな被害を受けた。既存インフラの補強の重要性をまざまざと見せつけられた被害であった。以来，耐震補強の重要性を認識し，事実，高速道路や高速鉄道，国道関係の橋梁の補強が精力的に行われた。2011 年 3 月 11 日に

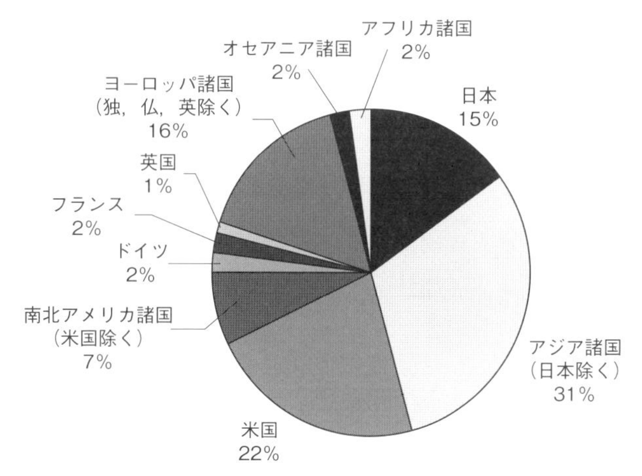

図 6･36 自然災害による直接経済損失の国別被害の比較
（1970～2004 年）
[Center for Research on the Epidemiology of Disasters, http://www.cred.be/]

発生した東北地方太平洋沖地震は津波による原子力発電の事故など歴史的な地震となったが，その中で東北自動車道や常磐自動車道の被害は軽微で，本震後約20時間で緊急輸送路としての機能を果たし，2日後には緊急車両が通行できる状態となり，2週間後には全線通行可能となった。これはまさしく耐震補強の効果である。東北新幹線では一部，耐震補強が済んでいないところがあり被害が発生したが，全体に被害はきわめて軽微であった。これも耐震補強の成果である。日本全体では1兆円に近い資金が道路橋の耐震補強に使われたといわれているが，東北地方太平洋沖地震でその投資額を十分取り返したといえるだろう。一方，市町村の橋梁の耐震補強の進度がきわめて遅く，事実被害も多く発生している。市町村の予算にはきわめて限りがあり，個々の橋梁の重要性にも大きな差があるのが現実である。個々の橋梁の耐震性能を正確に評価できるようにし，重要度に応じて耐震補強のプライオリティをつけられるようにすることが，いま，重要なことである。

ストックマネジメントでも状況は同様といえる。前述のようにインフラは，1つひとつ異なった性能をもっており，劣化の速度も異なる。40～50年経過したインフラの中には，補修，補強の必要なものも多い，これらインフラの1つひとつの性能と余寿命を正しく評価できる技術をもつことは不確定性を減らすことであり，ストックマネジメントには欠かせない技術である。

各インフラの地震，洪水，劣化，場合によっては初期欠陥などに対する脆弱性を評価することができれば，補修補強にかかる費用を含めて最適化をはかることができる。限られた予算時間の中で，どのインフラから手をつけるべきかのプロセスを明示的に示すことは，まさしくリスク共生の考えと一致する。

6.5.3 研究方法

実際のインフラの状態を把握し，それに対して適切な対応を行えるシステムをつくることが基本である。人間は痛みがわかりそれに対応できるという能力があるが，それをインフラにももたせようという考えで，人間とのアナロジーから出発している（図6･37）。インフラにセンシング機能を埋め込み，そのフィードバックとしてのアクチュエーションをもたせた“知的社会基盤”ということで藤野らが1990年代半ばに提案した。それからほぼ10年後，ロボット，通信，センサーなどの専門家メンバーとこの考えをさらに広め，IT（情報通信技術）とRT（実世界に働きかける機能を実現する技術）とが融合したIRT（Information

生　物		社会基盤	
防御系	皮　膚	防御系基盤	自然災害に対処
	骨　格		安全・丈夫な建物
物質循環系	血　管	物質循環系	ライフライン
	循環器		交通・エネルギー
神経系	神　経	神経系	センシング
	神経節		とコントロール
	脳		

図 6･37　社会基盤の生物とのアナロジー

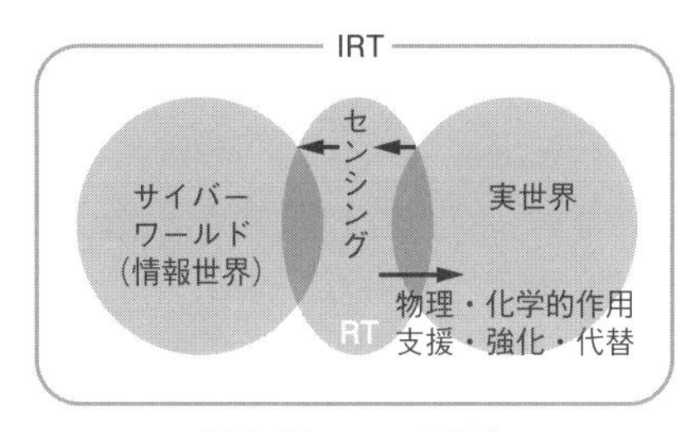

図 6･38　IRT の概念

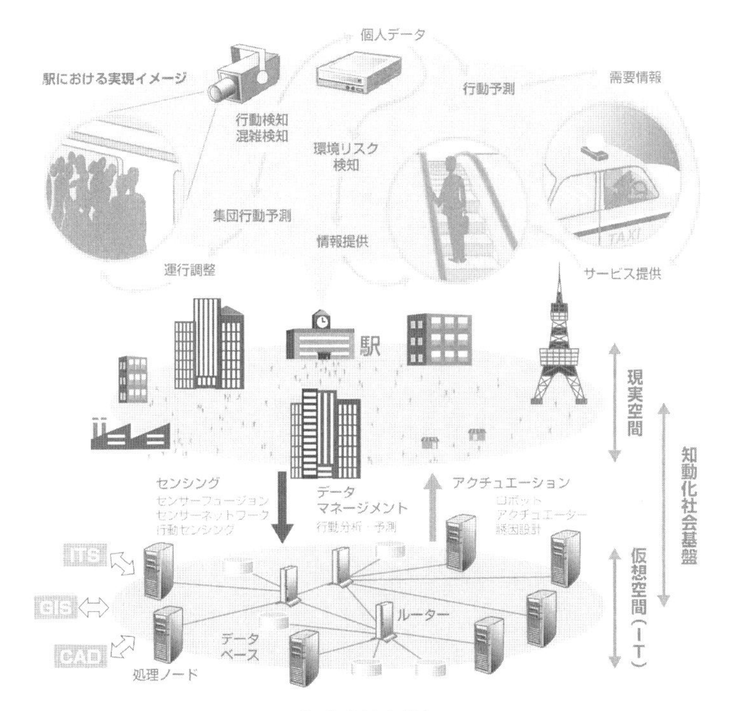

図 6･39　知動化社会基盤のイメージ

and Robotics Technology，図 6･38）という未来社会の姿を提示した[6]。それをインフラに適用し，知動化社会基盤（図 6･39）という次世代の姿を示した[6]。さらに 10 年後の 2016 年には総合科学技術・イノベーション会議にて発表された，第 5 次科学技術基本計画において提唱されている。Society 5.0（図 6･40）は，この考え方をベースにしたものである[7]。

実際には，個々のインフラを，検査も含めモニターし，設計図面も含めた諸元

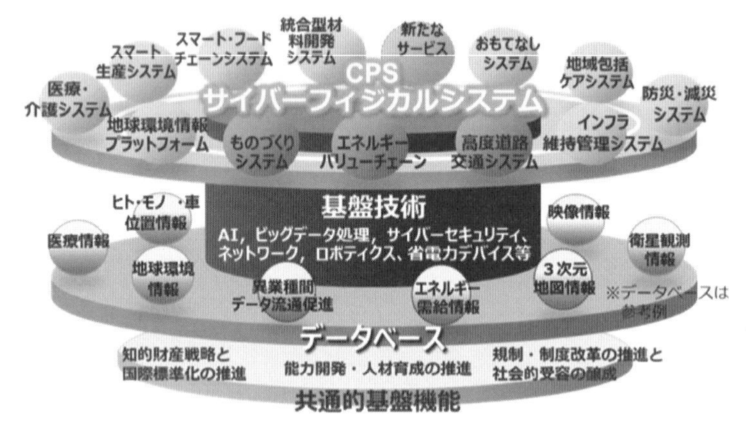

図6･40　Society（ソサエティ）5.0のイメージ

をベースに既存インフラの性能や余寿命を高い精度で推定し，補修・補強などの必要なアクションを提示するのがプロセスであり，研究対象は広範囲となる。検査を含めたモニタリングにおいても，振動計，レーザー，レーダー，赤外線，X線，電磁波などによる非破壊検査が対象になる。また，人間による検査を支援，代替えするものとして，マルチコプターなどのロボットの利用も研究対象に入ってくる。インフラは道路のように線状で延長が長いので，車などの移動体を使ったセンシング技術も重要である。埋め込みセンサーによるモニタリングもワイヤレスセンサーや大量のセンシングデータを無線通信するマルチホップ通信の研究も欠かせない。

診断・余寿命予測においては，数値解析をベースにしたシュミレーション技術と，それをサポートする実インフラに関する設計図面などに関するさまざまな情報のデータベースがキーとなる。検査モニタリングによるデータをベースにした診断余寿命予測による診断結果にどのように対応するかは，情報・マネジメント技術として捉えることができる。

以上が研究の全体構想であり，現在，内閣府総合科学技術・イノベーション会議が主導している戦略的イノベーション創造プログラム（SIP）の中の「インフラ維持管理更新マネジメント技術」(2014～2019年)[8～12]の考え方に一致している。なお，藤野はこのSIPのプログラムディレクターを務めている。本研究ユニットで力を入れているのは，主として振動センサーを使ったモニタリング技術とそこから得られるデータの分析と解釈に関する技術である。

6.5.4　主要な研究成果

a. 橋梁や高架橋を含む橋梁の地震時挙動の分析とそのモデル化

日本では免震橋が1990年以降，多く建設されたが，これは免震支承による動特性を利用したものであり，その効果の確認には強震観測が不可欠であり，いくつかの橋梁において実施されている。筆者らは1995年1月17日の兵庫県南部地震における阪神高速・松ノ浜免震高架橋の観測地震応答から，設計で想定した免震効果を確認することができた[13)]。その後，地震応答観測が行われているほかの免震橋の国内記録を収集した。北海道初の免震橋である温根沼大橋（根室）の1994年北海道東方沖地震による桁の橋軸方向から，桁の動きと橋脚の動きがほぼ同じで一体化して動いていること，すなわち免震支承の役割を果たしていないことを指摘した[13)]。この結果を橋の管理者に知らせ，免震支承の補修が行われた。観測結果が生き，構造補修につながったという意味で，ここでの観測はモニタリングといえるものになったと考えている。

集められた免震橋での地震観測記録を丁寧に解析することでRC橋脚の非弾性応答や地盤との相互作用の検証など，逆問題を解くことの重要さを明らかにすることができた[14~16)]。数値シミュレーションでは味わえない，実データのもつ意味の深さを明らかにできたと考えている。建物にではあるが自ら地震応答観測システムを構築して観測データを収集するにまで現在，いたっている[17)]。

（i）横浜ベイブリッジの地震応答モニタリング　1989年に完成した横浜ベイブリッジ（中央スパン460 m）は日本を代表する長大斜張橋の1つである。

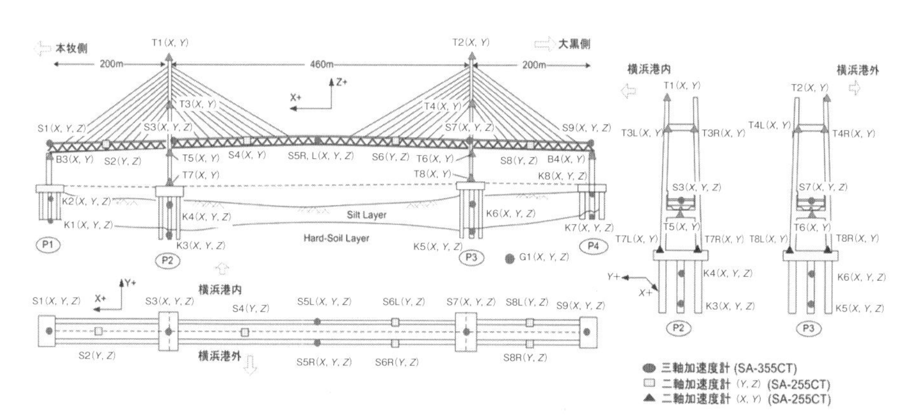

図6･41　横浜ベイブリッジにおける高密度地震応答モニタリングシステム

きわめて軟弱な地盤に対し特殊な基礎形式を採用したこともあって，地震時の橋全体の挙動を知る目的で，図6･41に示すように高密度地震応答計測システムが導入された。具体的には，地中やタワー橋脚桁などに30以上の加速度計が設置され，80成分を超える地盤の揺れや応答を計測してきた。30年近く経過したいまでも計測密度の点からは世界一といえる。1989年以来，中小地震を中心に地震記録が得られ，その記録から固有周期，減衰，モード形を十数次のモードまで同定することができた[18)]。

1995年兵庫県南部地震では東神戸大橋（1994年完成）の端橋脚のウインドシューが橋軸直角方向の大きな揺れで破損し，その結果，端リンクと桁との結合部が外れるという想定外の被害が発生した。横浜ベイブリッジでは中間脚はないため上揚端リンクの破損は即橋全体の崩壊につながる。そこで端リンクの橋軸方向の動きを過去の地震応答記録から調べたところ，設計で想定している，端リンクが桁に対してヒンジではなく，剛結，すなわち固着して動く場合が多いことが明らかになった。このことは端橋脚には設計では考慮していない大きな曲げモーメントが橋軸方向に発生することにつながりきわめて危険な現象と判断された。

2006年以降，同橋の耐震補強検討が行われ，地震応答モニタリングの結果も踏まえ。エンドリンクと桁端部との剛結による端橋脚の損傷を危惧し，端橋脚の基部と桁端をPC（プレストレスト・コンクリート）ケーブルでつなぎ，フェールセーフな構造とする補強策が採用された（図6･42）。地震観測結果の分析により，設計では想定していない，すなわち想定外の動きが確認され，それが耐震補強につながった。この例もモニタリングの効用を示すものといえる。

また，2011年3月11日の東日本太平洋沖地震での応答記録からは，同橋の主塔

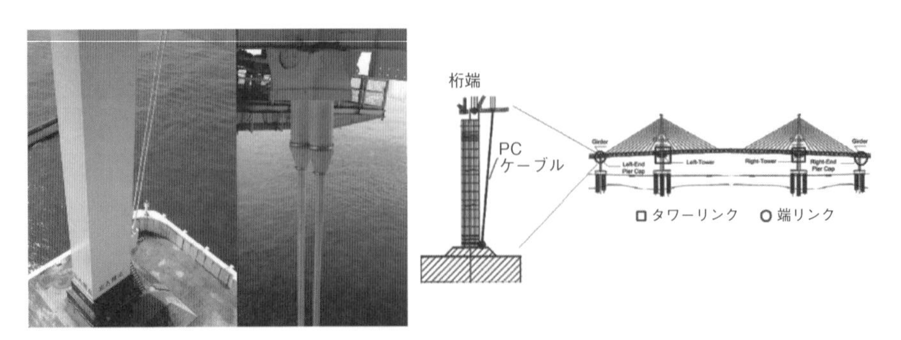

図6･42　横浜ベイブリッジの耐震補強（端橋脚にPCケーブルを設置）

のウインドシューと主桁の橋軸直角方向の動きで衝突が発生していることが判明した[19]。大地震の際，衝突が塔などにどのような損傷を与えるかの検討も行っており，これも応答モニタリングがあったからこそ，行われることになったといえる。

（ii） ヘルスモニタリング　地震を受けた橋梁が，地震後直ちに通行可能と判断してよいのかは大きな問題である。とくに，横浜ベイブリッジのような大型橋梁では緊急点検に時間もかかるので，ヘルスモニタリングによる損傷検知技術への期待も大きい。そのためのリアルタイムに損傷を検知する技術開発も欠かせない[20]。一般家屋や建物でも，地震後の被災判定に棟数が多いと時間がかかるので，センシング情報を使い直ちに1次判定をするニーズは高い。

橋梁では，局部的な損傷を検知するには配置する振動センサーの数も必然的に多くなる。センサーのコストが下がっている中で，給電と通信のための配線のコストの占める割合が高くなっている。

無線（ワイヤレス）通信については，大量の応答データを安定的に送るマルチホップ通信方式を提案している[21]。ある中型斜張橋にテンポラリーではあるが，高密度ワイヤレス地震応答モニタリングシステムを構築し，実用性の見地からシステム改善を行っているところである。

通信がワイヤレスになり，電源の問題が解決したとき，ヘルスモニタリングも根本的に変わってくるであろう。その時期はそう遠くないとみている。

b. 長大橋の風応答モニタリング

センタースパンが200 mを超えるような長大橋では風によるさまざまな振動が発生しやすくなる。事実，1940年の米国ワシントン州のタコマ橋が風による振動で落橋して以来，長大橋の風に対する安全性は小型模型を用いた風洞実験により検証するのが設計プロセスになっている。100分の1程度の大きさの小型模型による実験による結果と実際の橋での結果との対比は長らく風工学の大きな課題であった。

1997年に完成した東京湾アクアラインの鋼箱桁橋（最大スパン240 m，図6･43）ではカルマン渦により振幅50 cmのオーダーの振動が風速17 m/s程度の風で発生した。そのときの振動を計測し，別途行った風洞実験の結果を比較したのが図6･44である。実橋の減衰値を用いた風洞実験の結果と実際の橋での振幅がほぼ一致していることが確認できた。これは橋梁空力振動上，たいへん大きな意味をもつものであった。

白鳥大橋（吊橋，センタースパン800 m）では1997年の完成直前に30個の振

図 6･43　東京湾アクアライン

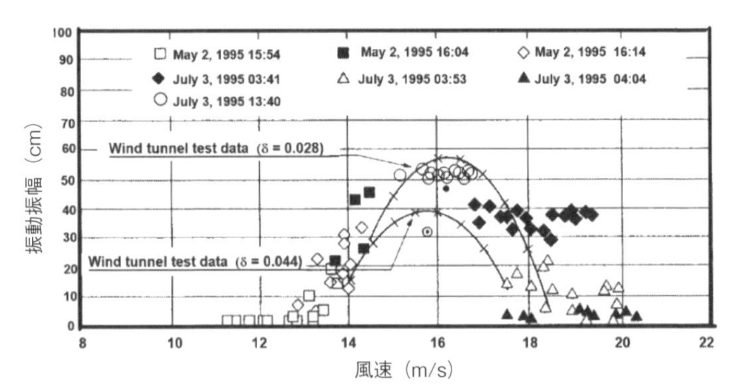

図 6･44　アクアライン橋梁で計測された振動の振幅と風洞実験の比較
[Fujino, Y., Yoshida, Y.: *J. Struct. Eng.*, **128**(8), 1012 (2002)]

動計を設置するという高密度観測による振動実験を行った。起振機による強制加振実験に加えて，常時微動観測を 3 週間行い，風速ゼロから 15 m/s までの桁の振動を計測した（図 6･45）。そのさまざまな風速での応答波形データを逆解析することにより，桁に作用する自励空気力の検出に成功し，風洞実験の結果と整合的であることを示した[22]。この橋では完成後も地震，強風時の振動計測モニタリングを実施したが，そこでの応答データから，ある風速域で塔が風向方向に振動する新しい振動現象を発見することにも成功した[23]。これらによってもモニタリングの有用性を示すことができた。

なお，藤野は橋のみならず建物の例を交えて振動モニタリング分野の技術の展開をレビューした論文を，*Proc. Jpn. Acad.* より 2018 年に発表している。

6.5.5　リスク共生社会構築への展望

社会インフラストラクチャの安全という意味からリスク社会の構築に関しポイントとなるのはインフラにかかわるさまざまなリスクをいかに可視化できるかと

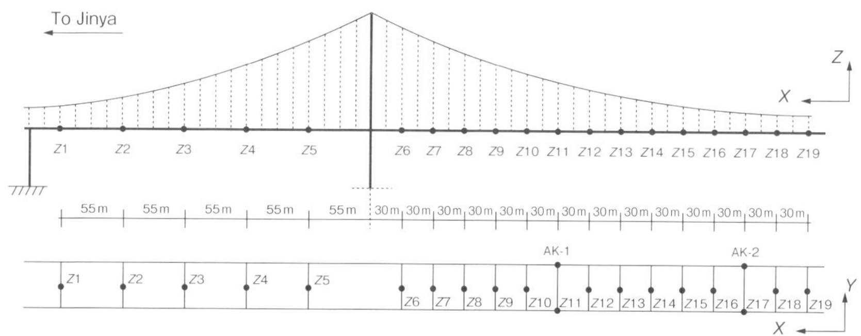

図 6･45 白鳥大橋（室蘭市）における風応答モニタリング

いうことではないだろうか。その構築のためには，各地に分散するインフラの位置情報や構造諸元，点検記録，損傷記録，補修補強の記録などのデータベースが欠かせない。それに加え，インフラを診断する，あるいは余寿命を予測するシュミレーションプラットフォームも必要になる。さまざまなハザードの地域，さらに地点ごとの発生確率に関するデータベースも必要であるし，インフラそのもののコスト，価値，ならびに補修コストなどの情報も必要となる，これらが整うことにより，インフラに関わるリスクの可視化が可能となる。この考え方は，2016年に総合科学技術・イノベーション会議での第5次科学技術基本計画において提唱されたSocieity 5.0の考え方を実現することにきわめて近い。

インフラを享受するのは利用者すなわち国民であって，そのインフラの維持管理更新や，災害対応の耐震補強や災害時の復旧を行う費用を払うのも国民である。しかし，維持管理や災害対策のように本来，陽にプラス（便益）を生むものではなく，ネガティブに発生するコスト，負の支出を減らすような問題は見えにくく，なかなか国民の関心を得にくい性質をもっている。しかし，このような問題にこそ，可視化することがきわめて必要であり，可視化に向けて必要な，さまざまな研究活動を行っていきたい。

引用文献

1) 塩野七生："ローマ人の物語 X すべての道はローマに通ず"，新潮社（2000）.
2) 宇沢弘文："共通的社会資本"（岩波新書 696），岩波書店（2000）.
3) United Nations University 編，植田和弘ら 訳，武内和彦 監修："国連大学包括的「富」報告書"，明石書店（2014）.
4) ヤネフ，B. 著，藤野陽三 訳："橋梁マネジメント"，技報堂（2009）.
5) Boller, C., Chang, F-K., Fujino, Y. eds.: "Encyclopedia of Structural Health Monitoring", John Wiley（2009）.
6) 科学技術振興機構 研究開発戦略センター：戦略イニシアティブ　IRT － IT と RT の融合，CRDS-FY2004-IN-01（2004）.
7) 藤野陽三：文献 6)，p.25.
8) 内閣府総合科学技術・イノベーション会議基本計画専門調査会：第 5 期科学技術基本計画に向けた中間取りまとめ（http://www8.cao.go.jp/cstp/tyousakai/kihon5/chukan/index.html）
9) 内閣府戦略的イノベーション創造プログラム SIP：インフラ維持管理・更新・マネジメント技術（http://www.jst.go.jp/sip/k07.html）
10) Kyuma, K., Fujino, Y., Nagai, K.: J. Disaster Res., **12**(3), 394(2017).
11) 藤野陽三：計測と制御，**55**(2)，117（2016）.
12) 藤野陽三：精密工学会誌，**83**(12)，1053（2017）.
13) 吉田純司，阿部雅人，藤野陽三：土木学会論文集，**626**，37（1999）.
14) Chaudhary, M. T. A., Abe, M., Fujino, Y.: *Eng. Struct.*, **24**(7), 945（2002）.
15) Chaudhary, M. T. A., Abe, M., Fujino, Y.: *Soil Dyna. Earth. Eng.*, **21**(8), 713(2001).
16) Chaudhary, M. T. A., Abe, M., Fujino, Y.: *Eng. Struct.*, **23**(8), 902（2001）.
17) Siringoringo, D. M., Fujino, Y.: *Struct. Control Health Monit.*, **22**(1), 71（2015）.
18) Siringoringo, D. M., Fujino, Y.: *Struct. Control Health Monit.*, **13**(1), 226（2006）.
19) 藤野陽三 , 矢部正明ら：土木学会論文集 A1，**69**(2)，372（2013）.
20) 肥田隆宏，藤野陽三ら：土木学会論文集 A2（応用力学），**70**(2)，I_937（2015）.
21) 長山智則，Spencer, Jr., B. F.，藤野陽三：土木学会論文集，**65**(2)，523（2009）.
22) Nagayama, T., Ikeda K.: *J. Struct. Eng.*, **131**(10), 1536（2005）.
23) Siringoringo, D. M., Fujino, Y.: *J. Wind Eng. Ind. Aerodyn.*, **103**, 107(2012).
24) Fujino, Y.：*Proc. Jpn. Acad., Ser. B*, **94**(2), 98（2018）.

6.6　安全管理の経済性評価

社会インフラストラクチャの安全研究ユニットでは，社会インフラが災害などで損害を受けた際に生じる経済的影響額について研究を行っている。本研究では，首都高速神奈川線が破断により通行ができなくなった場合，首都圏内の各地域・各産業にどのような規模の経済的影響が生じるかの分析を行った。その際に，各産業の在庫率を考慮することで破断期間の経過によって地域ごと，産業ごとに経済的影響の生じ方の特徴を把握しようとしている。結果として，首都高速神奈川線は，東京と神奈川を結ぶ路線であるため，その破断によって東京および神奈川に大きな影響が出ることは当然であるが，それに加え，神奈川線を利用した原材料供給が止まることで，埼玉，千葉，静岡の各県にも大きな影響が出ることを示した。また，破断期間が 3 週間を超えると各地域への影響額がいちだんと上昇することを明らかにしている。さらに，産業別にみると，輸送機械産業では，影響が上昇する期間が短く，1.25 週以降大きく影響がでることが示された。

6.6.1　研究の背景と社会的意義

道路，港湾，空港，鉄道といったいわゆる社会インフラは，現代における経済活動において必要不可欠な存在である。既存の社会インフラは，経済活動上所与として半ばあたり前のように存在しているため，社会的にはその存在意義は通常の状態では見えにくくなっている。しかしながら，その維持・更新には莫大なコストがかかっており，社会的にそうしたコストをどのような形で負担していくのか，私たちの未来社会において大きな課題となっている。

一方で，東日本大震災をはじめとする災害時に，社会インフラが損壊することなどによって大きな経済的な損害が出たことは記憶に新しいところである。社会インフラの意義は，それらが十分にその機能を果たせない状態になって初めて実感されるという側面もある。

以上を踏まえて，本研究ユニットで提供する定量的に評価できる指標とは，災害時に社会インフラが損壊などによって機能が果たせない場合の経済的影響額である。この数値を示すことで，そのような損害を出さないために社会インフラの維持・更新・拡充に対してどの程度の経済的負担が許容できるかについての社会的合意形成をはかるための材料を提供することが可能である。そこで，社会インフラとしての高速道路，とくに首都圏の物流において大きな役割を担っている首都高速道路に焦点をあて，いまのところこの首都高速神奈川線（湾岸線と横浜羽田線）が破断した際に首都圏経済にどの程度規模の影響が出るであろうかという研究を行っている。高速道路破断の経済的影響を分析した既存の研究としては，中京圏と阪神圏を結ぶ名神高速道路破断の先行例[1)]はあるが，日本経済の中核としての首都圏経済を担う首都高速道路破断の経済的影響を分析している点が本研究ユニットの大きな特徴である。

6.6.2　リスク共生における位置づけ

本研究では，高速道路破断の際の経済的影響額という指標を提供する。

社会インフラとして高速道路は，陸上貨物輸送の主要な部分として現代の経済活動に欠かせないものになっている。また，高速道路の役割が増すにつれ新たな高速道路が現在においても次々に建設される一方で，高度成長期に建設された高速道路は大規模な補修・更新が必要な時期を迎えている。このような状況の中，高速道路が現代の経済社会においてどのような役割を果たしており，またそのことを踏まえて高速道路の整備あるいは補修・更新にどの程度のコストを社会的に投入するべきなのかということが改めて問われている。地震をはじめとする災害大国日本において，社会インフラとしての高速道路網の維持は，リスクとしての災害被害をいかに社会として軽減し，レジリエンスを高めていくかという面で不可欠であろう。私たちが提供する高速道路破断の際の経済的影響額という指標は，破断を起こさないような補修・更新費用がどの程度社会的に許容し得るのか，あるいは仮に破断してしまったとしてもバイパスとしてどの程度の代替的な高速道路を整備することが社会的に許容し得るのか，こうした意思決定の際の重要な材料を提供し得ると考える。

さらに，高速道路破断の際の経済的影響額という指標は，裏を返せば破断していない通常の状態において高速道路がどの程度現代の経済活動において貢献しているかという高速道路の社会的存在価値を示す指標でもある。日常生活で実感しにくい高速道路社会的存在価値を金額ベースで指標とし“可視化”することで，社会的に高速道路の価値を認識することが可能になる。

6.6.3　研 究 方 法

まず，災害が引き起こす経済的影響について包括的に整理した研究[2)]を踏まえたうえで，とくに産業面に対する研究[3,4)]に着目し方法論的な検討を行った。続いて私たちがターゲットとする高速道路破断の経済的影響に関する研究[1]を参照し，本研究にかかわるデータの収集・整理に取りかかった。

本研究では，高速道路が破断した際の経済的影響を算出しようとしているが，その際にまず必要な作業としては，破断していない通常の状態において高速道路が私たちの経済活動においてどの程度の役割を担っているのかを特定することがある。

この特定の際には，高速道路が果たす1つひとつの経済的機能について調べていき，ボトムアップ式に積み上げていくことによって特定する作業と，マクロ経済的な経済全体の指標の中から高速道路が担っている要素を取り出し，マクロ経済指標を高速道路の経済的機能レベルまでブレイクダウンすることによって特定する作業の2種類のやり方が考えられるが，本研究では後者のマクロ経済的指標をブレイクダウンする手法をとった。その理由は，国内総生産あるいは県内総生産などマクロ経済的指標との整合性がとりやすい利点と，私たちが開発してきた研究データベースを利用できるという利点という2つの利点があるからである。

私たちのデータベースは，首都圏内の各都県間の経済取引を示す地域間産業連関表とよばれるものである（表6･4)。この地域間産業連関表は，各都道府県レベルで公表されている産業連関表を組み合わせて私たちが独自に作成したもので，とくに関東地域における各都県間の取引関係を明示的に取り扱うことができる。本研究において取扱う高速道路は，地域内（各都県内）の経済取引のみならず，地域間（各都県間）の経済取引において重要な役割を担うと想定されるため，こうした地域間産業連関表を利用することで，高速道路が地域間の経済取引において，どの程度の割合を占めているかといったマクロ経済的指標として優れていると判断した。

次に，高速道路がこうした地域間の経済取引の中で占める割合については，以下のように公表された統計を用いて特定していった。

国土交通省が公表する全国貨物純流動調査（以下，物流センサス）では，都道府県間の貨物流動において，航空・海運・自動車といった各輸送機関がどれくらいの輸送を担っているかという情報が得られる。このうち，全輸送機関に占める自動車輸送の割合を算出すれば，都道府県間の貨物流動に占める自動車輸送の比率（A）を求めることができる。また同じく物流センサスにおいて，発都道府県別の高速道路利用の有無および品目別の高速道路利用の有無が重量ベースで示されているため，この2つを組み合わせると，発都道府県別及び品目別の高速道路

表6･4　関東地域間の経済取引を示す地域間産業連関表

		中間需要											最終需要											移出	輸出	生産額
		東京	神奈川	千葉	埼玉	茨城	栃木	群馬	新潟	長野	山梨	静岡	東京	神奈川	千葉	埼玉	茨城	栃木	群馬	新潟	長野	山梨	静岡			
中間投入	東京																									
	神奈川																									
	千葉																									
	埼玉																									
	茨城																									
	栃木																									
	群馬																									
	新潟																									
	長野																									
	山梨																									
	静岡																									
その他地域から移入																										
輸入																										
付加価値																										
生産額																										

［居城　琢：流通経済大学論集，**48**(4)，19(2014)］

利用率（B）を求めることができる。この比率 A と B を使うことで，都道府県間の貨物流動に占める高速道路使用の割合（C）を求めることができる。ここで，物流センサスで示されている品目に対応する地域間産業連関表の各部門の地域間経済取引は，貨物がすべて担っていると仮定すると，表6･4の地域間産業連関表で示される地域間取引から高速道路分を特定することができる。すなわち，地域間産業連関表の地域間の取引額（金額）に割合 C を乗じることで，高速道路が地域間取引で担っている経済規模（D）を金額ベースで示すことができる。

続いて私たちは，高速道路の中で，首都圏内でとくに大きな役割を担っている首都高速道路が，首都圏内における地域間の経済取引で担っている経済規模を特定するため，国土交通省の提供する全国道路・街路交通情勢調査（道路交通センサス）を用いて，東名高速道路，第3京浜など首都高速道路以外のほかの高速道路との交通量の比較によって，首都圏内の高速道路全利用に占める首都高速道路の割合（E）を求め，DとEを用いて，首都高速道路が首都圏内の地域間取引で担っている経済規模（F）を金額ベースで特定した。

さらに本研究では，首都高速神奈川線破断の影響の分析を行うため，Fのうち，首都高速湾岸線および首都高速横羽線（2つを合わせて首都高速神奈川線）が占める割合を特定する作業を行った。首都高速道路より提供いただいた「首都高速道路起終点調査」を用いて，首都高速道路における地域間流動のうち首都高速神奈川線が占める割合（G）をもとめ，FとGを用いて，首都高速神奈川線が首都圏内の経済取引で担っている経済規模（H）を特定した。

6.6.4 主要な研究成果

前項で行った，首都高速神奈川線が首都圏で担っている経済規模（H）のデータをもとに，この首都高速神奈川線が破断し，一定期間使用不能になった際に首都圏経済においてどのような経済的影響が出るかを試算している[5)]。

本研究では，高速道路破断による影響シナリオとして，名神高速道路破断による経済的影響を分析した先行研究[1)]と同様のシナリオを用いて分析を行った。図6･46が高速道路破断の際に生じる経済的影響の分析枠組みである。まず，高速道路が破断した際の影響は，着地側の地域の産業において原材料が調達できないことによって，着地側の産業の生産が停止することによって生じる。これを前方連関効果とよんでいる。続いて着地側製造各部門の生産停止に伴い当該産業から他産業への原材料需要が抑制され，地域・産業別の生産活動に波及するという影響が生じる。これを後方連関効果とよんでいる。

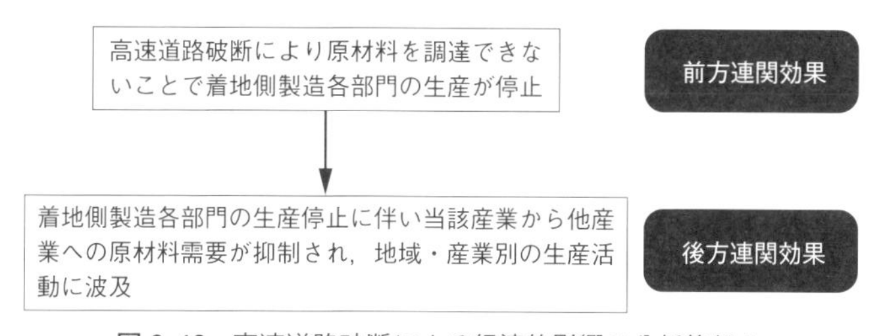

図6･46 高速道路破断による経済的影響の分析枠組み

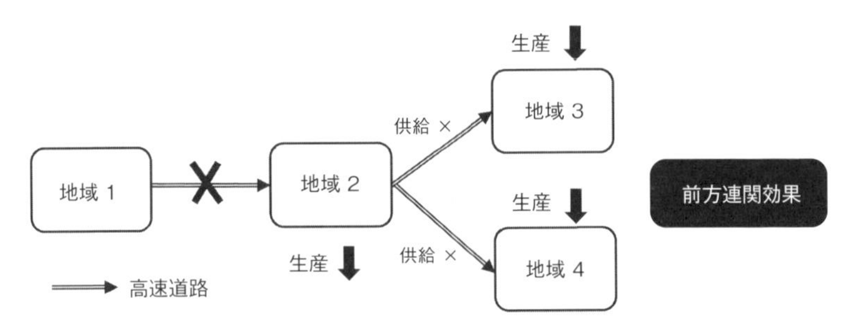

図 6･47 高速道路破断による経済的影響（前方連関効果）
地域 1 ～地域 2 の高速道路破断により，地域 3，地域 4 への貨物も供給されず各地域で生産減。

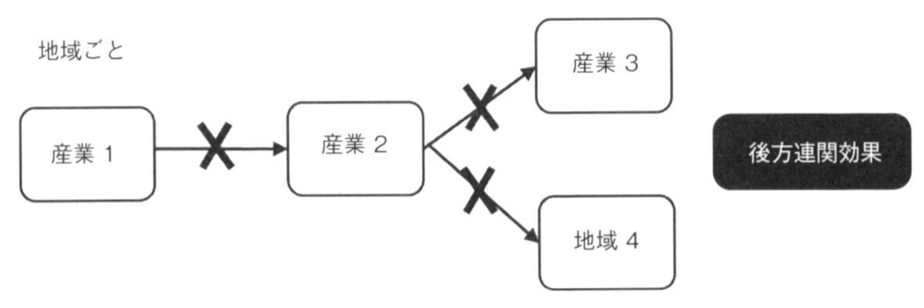

図 6･48 高速道路破断による経済的影響（後方連関効果）
各地域の生産減少に伴い，各産業へ波及。

前方連関効果，後方連関効果について，もう少し詳細に見てみよう。図 6･47 は前方連関効果の影響の仕組みである。地域 1 と地域 2，地域 2 と地域 3，地域 4 を結ぶ高速道路が図のように走っているとする。ここで，地域 1 と地域 2 を結ぶ高速道路が破断したとしよう。地域 2 は地域 1 からの原材料供給が遮断されるため，その原材料を用いて生産を行う地域 2 の関連産業の生産が減少する。しかし，影響はこれにとどまらず，地域 1 から地域 2 を通じて地域 1 の原材料を調達していた地域 3 および地域 4 の産業も，地域 1 からの原材料が供給されないことで生産が減少する。こうした効果を含めて前方連関効果とよぶが，“もの”の供給サイドからみた破断の影響であるとみることができる。続いて，図 6･48 は後方連関効果の影響の仕組みである。図 6･47 の前方連関効果による各地域の生産減少にともなって，各地域の需要が抑制され，その需要減少が関連する各産業へ波及していく過程でさらに各地域で生産が減少する。こうした効果を含めて後方連関効果とよぶが，“もの”の需要サイドからみた破断の影響であるとみること

表 6･5　各地域の原材料在庫率（単位：%）

	東京	神奈川	埼玉	千葉	茨城	栃木	群馬	新潟	山梨	長野	静岡
食料品	3.19	4.13	2.39	5.44	4.07	3.89	2.65	5.02	6.28	4.54	5.74
繊維製品	1.37	3.31	6.88	1.69	9.14	4.13	2.55	5.24	3.52	6.83	4.35
パルプ・紙・木製品	7.76	3.83	3.09	3.53	4.26	4.65	2.03	3.91	3.09	3.00	4.20
化学製品	7.65	3.97	9.08	3.01	7.03	10.38	8.22	7.17	21.13	12.44	8.93
石油・石炭製品	0.00	3.01	0.00	5.01	0.00	0.00	0.00	0.00	0.00	0.00	0.00
窯業・土石製品	0.98	2.13	3.40	2.73	3.21	1.33	2.26	6.19	3.91	3.97	3.08
鉄　鋼	1.37	6.62	3.11	11.55	13.28	3.70	3.31	5.73	1.83	0.34	2.57
非鉄金属	2.39	6.88	5.40	4.02	10.26	5.91	4.11	7.41	2.84	3.00	2.31
金属製品	2.16	3.58	3.19	4.02	3.06	2.56	2.70	3.17	3.72	2.80	3.12
一般機械	7.87	6.11	7.33	7.38	3.41	3.24	4.41	5.70	6.51	5.45	5.34
電気機械	4.38	6.02	6.67	8.15	5.27	7.40	5.51	3.85	4.67	4.35	3.04
輸送機械	5.23	2.93	1.69	4.37	1.43	3.89	0.75	1.95	2.62	3.28	0.96
精密機械	4.38	6.02	6.67	8.15	5.27	7.40	5.51	3.85	4.67	4.35	3.04
その他の製造工業	1.49	6.38	3.03	3.30	3.40	4.87	3.38	4.51	3.28	4.79	3.47

［平成 26 年工業統計表より作成］

ができる。私たちの研究[5]ではこうした，前方連関効果・後方連関効果を含めて高速道路破断による経済的影響と考えている。

では，高速道路破断による最初の経済的影響である前方連関効果は，高速道路破断後どのようなタイミングで生じるのであろうか。私たちは，先行研究[1]を参考に，各地域・各製造業部門の在庫率によってそのタイミングが異なることを考慮している。すなわち，在庫率が低い産業は，破断によって原材料が供給されないことで比較的短期間で生産減少に追い込まれるのに対し，在庫率が高い産業は，原材料が供給されずとも，手持ちの原材料で生産を行うことができるため，比較的長い期間生産を維持できるのである。表 6･5 は，私たちが用いた首都圏内各地域・各産業の原材料在庫率のデータである。総じて，化学製品，鉄鋼など素材系産業の在庫率が高く，輸送機械（自動車を含む）産業の在庫率が低い傾向がみられるが，地域ごと産業ごと在庫率は異なっていることがわかる。この産業ごと在庫率は，私たちの分析においては各産業の災害などに対するレジリエンスの度合いを示すものでもある。

以上の全体を踏まえて，私たちの研究[4]では，首都高速神奈川線が破断した際の各地域の経済的影響を分析した。図 6･49 では，首都高速神奈川線が破断した際の経済的影響を日割りで分割し，地域ごとに表している。神奈川線が，神奈川

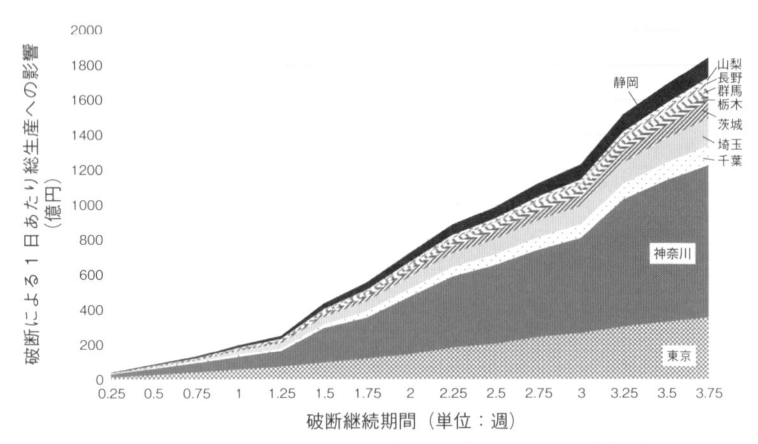

図6･49　首都高速神奈川線破断による各地域への経済的影響

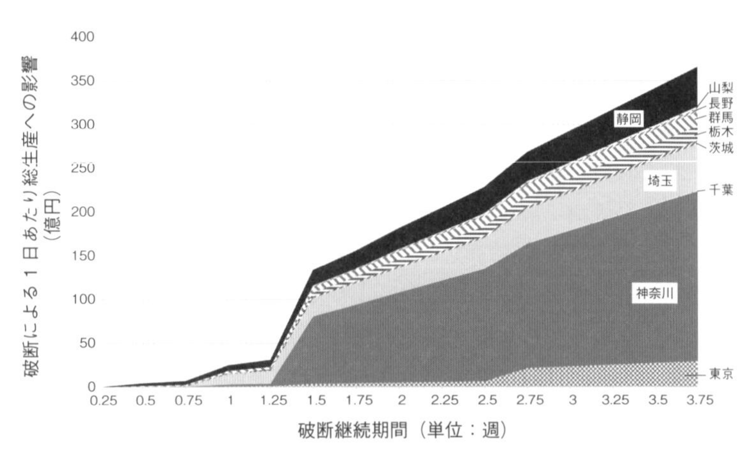

図6･50　首都高速神奈川線破断による各地域の輸送機械産業への経済的影響

と東京を結んでいるため，その地域ごとの影響は神奈川，東京の順番で大きくなっているが，直接神奈川線が走っていない千葉や静岡，埼玉へも影響が出ることが示されている。横軸は破断継続の時間を示しているが，当初1週目において破断の経済的影響は徐々に表れていく。1.25週を過ぎると経済的影響がいちだんと上昇を始め，3週目を過ぎたあたりからの影響は急激になってくることが示されている。研究の結果，首都高速破断の経済的影響は，時間を追って拡大していくことが示された。この結果は，影響の拡大を食い止めるため，仮に道路が破断したとしても，どのあたりのタイミングまでに復旧が行われれば影響を拡大せずに済むかという目安としても利用できるだろう。次に，図 6･50 は各地域輸送機械産業への経済的影響を示している。図 6･49 は各産業をトータルした地域別の全産業の影響をみていたが，図 6･50 はその中で，輸送機械産業を取り出した。輸送機械産業への影響は，表 6･5 で触れたように比較的低い在庫率であることから 1.25 週経過後急激に上昇する。また，各地域への影響は，その地域における輸送機械産業の生産規模を反映し，図と比べ東京への影響割合が低くなり，神奈川，埼玉，静岡といった輸送機械産業の生産基地において影響額が大きくなっていることが示されている。このように首都高速破断による経済的影響は，地域ごと産業ごとの状況に応じて異なる現れ方となるため，その対策についても地域ごと産業ごとに特徴を考慮する必要がある。

6.6.5 リスク共生社会構築への展望

名神高速道路破断について研究を行った先行研究[1]と本研究の違いとしては，先行研究[1]では，名神高速道路破断の影響を，関東，中部，近畿，東北といった各地方単位で分析したのに対し，本研究では，首都高速という首都圏内の各都県を結ぶ高速道路であるという特徴を考慮し，都県単位で分析を行った点，また，先行研究[1]では名神高速道路の交通量を道路交通センサスのデータを用いて推定していたのに対し，本研究では首都高速道路から起終点調査（OD 調査）の提供を受け，首都高速道路内の交通量のデータを直接用いている点が特徴であるといえる。

本研究の研究成果の利用法としては，高速道路の補修・更新といった技術分野との連携および研究成果の情報提供があげられる。すなわち，破断による時間的な観点を含めた経済的影響額を踏まえ，その影響額軽減のため，どの程度の補修・更新にかかわる投資が考えられるか，技術・工学的な観点を含めて検討する際に比較考慮する材料となり得る。

また，本研究で行っている研究手順は，首都高速における神奈川線以外のほかの路線が破断した場合の経済的影響額推計などの展開が可能である。こうしたどの路線が破断するとどの地域の影響額が大きいのかという成果は，そうした影響額軽減のため，首都高速道路におけるバイパスルートの効果を検討する際に有用な判断材料を提供し得るだろう。

さらに，私たちの行っている小地域産業連関表のデータ[6]を組み込むことで，現在の都県単位への影響ではなく，市区町村あるいは都心部・郊外部といったより詳細な単位で地域への影響を示すことも可能になる。こうした展開が実現されれば，私たちの研究は細かな地域単位で対策を立てる際により有効な情報となり得るであろう。

引用文献

1)　遠香尚史，小池淳司：高速道路と自動車，**55**(3)，18（2012）.
2)　川島一彦，杉田秀樹，加納尚史：土木研究所報告，**186**，1（1991）.
3)　長谷部勇一：災害の経済的評価——産業連関分析による供給制約型モデル，第13回 環太平洋産業連関分析学会報告論文（2002）.
4)　下田充，藤川清史：産業連関，**20**(2)，133（2012）.
5)　居城　琢，中村毅一郎ら：高速道路破断による経済的影響の分析——首都高速道路神奈川線を事例にした試算——，第28回 環太平洋産業連関分析学会発表論文（2017）.
6)　居城　琢，大島啓人，星山卓満：横浜国際社会科学研究，**21**(3)，193（2016）.

7

リスク共生社会の創造に向けて

リスク共生社会創造のためには，まず目指す社会像・価値観の構築・共有する必要がある。そのためには，社会価値の体系化や優先順位などを明らかにすることが必要だ。次に実施すべきことは，社会目的に対して影響を与えるリスクを体系的に特定し，それぞれのリスクの分析を行うことである。このリスク分析には，社会自体の変化やその環境の変化を考慮する必要があるのはいうまでもない。個々のリスク分析における課題もそれぞれの領域で検討する必要がある。

そして，今後の重要な研究対象として，社会目的に合わせて受け入れるリスクを合理的に判断する手法の開発とその手法を活用するシステムの構築がある。社会には，さまざまな価値観があり，時期，状況，立場によって対応すべき問題が異なっている。目前の課題や自分が担当する課題の解決に注力する傾向があり，その課題対応によって発生する新たな課題に対して関心が薄かったり，把握する技術がなかったりする場合が多い。成長や変化には，不確かさを伴う。そして，その不確かさは，価値や視点によって見え方が異なり，不確かさの影響は，好ましい場合も，好ましくない場合もある。価値・視点の数だけリスクは存在するし，それぞれのリスクは，独立ではない。あるリスクを小さくすれば，あるリスクは大きくなるということが現実である。

私たちは，成長・変化をする限り，何らかのリスクは受け入れる必要がある。そのためには，どのリスクをどのようなバランスで受け入れるかを選択する必要がある。合理的な選択のためには，そのリスク群の全容を知ることが必要でもある。

リスク共生社会の創造は，21 世紀を生き抜くための私たちの挑戦である。

7.1　リスク共生社会を担う人材育成

7.1.1　はじめに：都市の発展とリスクの増大

都市はさまざまな価値を生み出す一方で，さまざまな課題を生み出している。人口減少，超高齢化，災害，環境・エネルギー問題の深刻化，あるいは社会的な摩擦の増大，政治・経済・文化の価値の混迷など，都市には現代社会の多くの課題が凝縮されている。2050年には，世界人口の66%が都市に集中する[1)]といわれており，もはや，リスクとの共生なしに都市社会は存立できないといえるだろう。このような状況に対処すべく，2017年，横浜国立大学に都市科学部が開設された。じつに50年ぶりの新学部である。本章では，都市科学部での教育を紹介し，それを通じてリスク共生社会の創造を担う人材育成について論じる。

7.1.2　都市科学とリスク共生学の融合

都市科学とは，都市がかかえるさまざまな課題を解決し，新しい価値・イノベーションを生むための科学である。それは，都市にかかわる多分野の知的資産の蓄積と最新の学術的成果を，文系・理系にかかわらず多分野から集めること，それを連携・融合し，実践的に生かす統合知を創出することとで成立する。都市科学部は，このような都市科学を体系的に学び，実践力を身につける教育を展開するために開設された。ここには横浜国立大学のこれまでの地域での実践活動，リスク共生学，文理融合教育にかかわる知の蓄積が融合して生かされている。

もう少し詳しく述べてみよう。まず，地域での実践活動に関しては，横浜国立大学は最先進の国際都市，横浜・神奈川でグローバルな視点からローカルな課題に取り組む実践的な教育研究を積み上げてきた。リスク共生学については，本書の主題でもあり，他章で詳述されているとおりさまざまな学問領域で分野横断による多様な知識が蓄積され，研究が進められている。文理融合教育についても，横浜国立大学は，伝統的に文系と理系の学生・教員が協働して教育・研究を行ってきた歴史を有する。こういったことから，横浜国立大学でリスク共生という社会が必要とする新しい分野での人材育成を実現することが可能になった。

7.1.3　都市科学部の教育とリスク共生学の人材育成

都市科学部は，“グローバル・ローカル”“リスク共生”“イノベーション”を

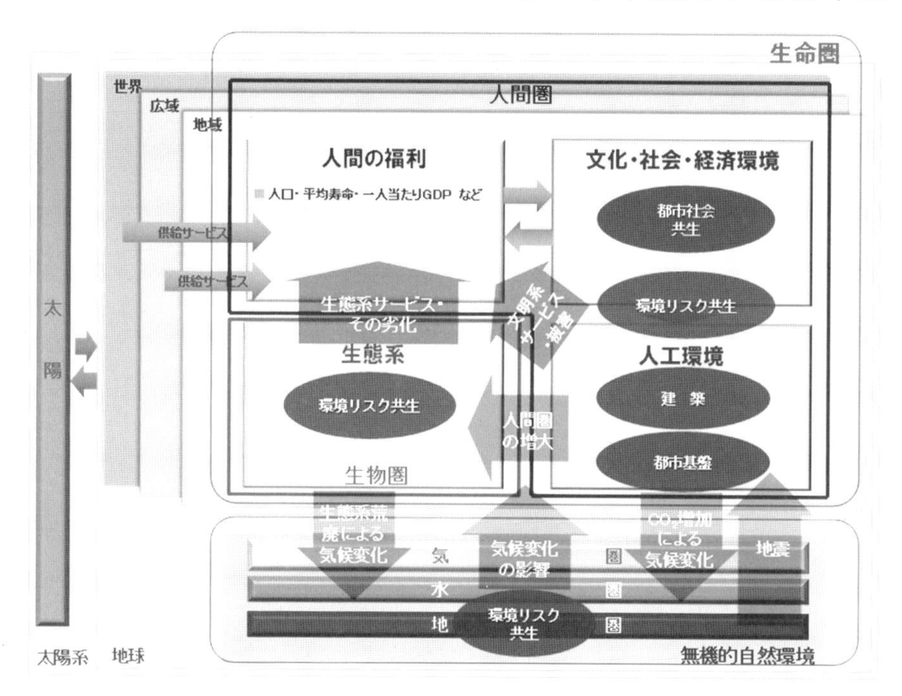

図 7･1　都市科学部の学科構成とその関係

［国連ミレニアム生態系評価報告書（2005）を改変］

柱に据えた実践的教育を行っている。都市の主体である“人”，その生活の場である“建築”，それらの基盤となる“都市基盤”，都市を取り巻く広い“環境”という都市の構成要素を中核として，文理融合による 4 学科構成になっている。都市科学部の学科構成とその関係を図 7･1 に示す。

（1）都市社会共生学科：都市の主体である人に着目し，都市や都市社会のあり方について人文社会科学の視点から学ぶ。

（2）建築学科：都市に暮らし活動する人のための空間，ひいては人のつながりであるコミュニティや人々の生活像をデザインする。

（3）都市基盤学科：多岐にわたる都市の活動を支え，安全を確保する基盤施設をデザインしマネジメントする。

（4）環境リスク共生学科：都市を取り巻く自然環境と社会環境，および持続可能な都市づくりについて学ぶ。

図 7･1 に示すように，都市の 4 つの構成要素は相互に関連する。したがって，

対応する各学科はそれぞれ深く結びついている。都市科学部では，都市科学に必要な素養やリテラシー・技術を“基幹知”と称しているが，学生は，それぞれの学科で“基幹知”の基礎から応用までを学ぶ。こうして都市を多面的にとらえる見方と学科間のつながり，連携のあり方の理解を深めていく。そうすることによって，自分の専門分野の位置づけを踏まえ，ほかの分野の人と連携・協働して，学習内容を都市づくりの実践に生かすことのできる人材に成長するのである。都市科学部の育成する人材像を整理すると，次のようになる。

① 理工学の素養と人文社会科学の知識を学び，文理両面の視点を備えた人
② ローカルおよびグローバルに渡る広い視野，横断的な課題解決能力，総合力を備えた人
③ 豊かさとリスクのバランスを適切にマネジメントする「リスク共生学」の基本を学び，自然環境・社会環境のリスクを総合的に理解できる人
④ 世界の異なる文化や社会制度，商習慣等の環境に適応し，多様な人々のニーズや現場のニーズに寄り添い，課題解決を図るための最先進の科学技術やシステム，ネットワークを実装しマネジメントができるイノベーティブな人

7.1.4 都市科学部のリスク共生学科目

都市科学では，基幹知を身につけるために学部共通科目（基幹知科目）が用意されている。“グローバル・ローカル”“リスク共生”“イノベーション”を柱とした科目群で，その概論・導入を学ぶ必修科目と，より深く学ぶ選択必修科目から構成されている。

(1) グローバル・ローカル：都市のローカルな活動がグローバルな現象につながっている，グローバルな現象が都市のローカルな現象に現れている，ということをさまざまな面から学ぶ。
(2) リスク共生：都市化の進展に付随して増大するさまざまなリスクを理解し，それらを適切にマネジメントする“リスク共生学”の基本を学ぶ。
(3) イノベーション：都市がイノベーション創出の場であることから，本学が提唱する“科学技術”“制度・社会システム”“価値観・パラダイム”の3層のイノベーションを都市とのかかわりで学び，将来，イノベーション創出を担う素養を身につける。

1年生では，(1)～(3)の科目を学ぶことが必修となっているほか，所属学科と

異なる学科の提供科目を履修することで，分野間を横断して学ぶことができる。また，他学科も含めた複数の教員から卒業研究の指導を受けることもできる。このように，1年生の早いうちから関連する学問領域をまたがって学ぶことができる。

学習内容の一例として，基幹知科目のうち「都市科学B（リスク共生)」の講義について紹介しよう。

基本的な考え方は，豊かさとリスクのバランスを適切にマネジメントすることで新しい価値の創造につなげるイノベーションを創出するために“リスク共生”の知識体系の概要を理解することである。講義は8回で，前半では，都市・社会に潜むリスクを理解すること，リスクの定義を理解し，共通の理解・対話を目指したリスクコミュニケーションの重要なポイントを理解すること，経験や結果に基づくリスクマネジメントから脱皮して，可能性の段階で対応するリスクマネジメントに転換すること，といったリスクコミュニケーションとリスクマネジメントの重要なポイントを学ぶ。後半では，前半の講義を踏まえたうえで，自然環境，人工環境，社会環境の視点からの都市にかかわる具体的なリスクを取り上げ，理解を深める内容となっている。このほか選択必修科目の中でリスク共生を扱う科目として，生態リスク学入門，リスク分析のための情報処理A，高齢社会とリスクA，都市環境リスク共生論A，社会リスク学A・Bなどがあげられ，必修科目からさらに発展した内容を学ぶことができる。

7.1.5　おわりに：都市科学教育からリスク共生社会の創造へ

本章では，都市科学部の教育を通して都市科学とリスク共生学の人材育成について紹介した。これからの都市づくりに関心をもち，意欲にあふれた学生が多く入学していることが実感される。学生は各学科の専門をしっかり身につけたうえで，自らの位置づけ・役割を理解するように育つ。そして，どのような分野や立場の人とどのように連携・協働して取り組むことが有意義であるかを理解して，都市が抱えているさまざまな課題の解決と，これからの新しい価値の創出に向けて実践的に取組む人に育つことを期待している。ある学生が学習を振り返って，「これまでイノベーションというと，いいことばかりだと思っていたが，学習する間に，イノベーションによって破壊されるものがたくさんあることに気づいた」という感想を述べたことは特筆に値する。この学生は，イノベーションとリスクについて理解を深め，リスク共生社会に向けて一歩進んだのである。“リスク共生”は都市科学を学ぶうえで1つの重要な柱である。同時に，都市科学はリスク共生社会の創造に不可欠な学問領域である。

近い将来，都市をフィールドにリスク共生社会の創造を担う人材が育ってくれるものと，大いに期待している。

引用文献

1) United Nations, Department of Economic and Social Affairs：World Urbanization Prospects, The 2014 Revision.

索　引

か行

さ行

た行

な行

は行

ま行

や行

ら行

わ行

A～N

O～Z

リスク共生学
——先端科学技術でつくる暮らしと新たな社会

平成30年6月30日　発　行

編　者　横浜国立大学 先端科学高等研究院・
リスク共生社会創造センター

発行者　池　田　和　博

発行所　丸善出版株式会社
〒101-0051 東京都千代田区神田神保町二丁目17番
編集：電話(03)3512-3261／FAX(03)3512-3272
営業：電話(03)3512-3256／FAX(03)3512-3270
https://www.maruzen-publishing.co.jp

組版印刷・株式会社 日本制作センター／製本・株式会社 星共社

ISBN 978-4-621-30301-6　C 3050　Printed in Japan